U0156877

"十三五"国家重点图书出版规划项目

国家出版基金项目
NATIONAL PUBLICATION FOUNDATION

# 中国埙乐文化史

刘宽忍 主编

辛雪峰 著

陕西新华出版传媒集团
太白文艺出版社 · 西安

## 图书在版编目（CIP）数据

中国埙乐文化史 / 辛雪峰著. -- 西安：太白文艺
出版社, 2020.12
　（中国埙乐文化 / 刘宽忍主编）
　ISBN 978-7-5513-1940-9

　Ⅰ.①中… Ⅱ.①辛… Ⅲ.①民族管乐器—历史—研
究—中国 Ⅳ.①TS953.22

中国版本图书馆CIP数据核字(2020)第255184号

## 中国埙乐文化史
ZHONGGUO XUNYUE WENHUASHI

| | | |
|---|---|---|
| 作　　者 | 辛雪峰 | |
| 责任编辑 | 姚亚丽 | |
| 封面设计 | 郑江迪 | |
| 版式设计 | 建明文化 | |
| 出版发行 | 陕西新华出版传媒集团 | |
| | 太 白 文 艺 出 版 社 | |
| 经　　销 | 新华书店 | |
| 印　　刷 | 西安市建明工贸有限责任公司 | |
| 开　　本 | 720mm×1000mm　1/16 | |
| 字　　数 | 152千字 | |
| 印　　张 | 15 | |
| 版　　次 | 2020年12月第1版 | |
| 印　　次 | 2020年12月第1次印刷 | |
| 书　　号 | ISBN 978-7-5513-1940-9 | |
| 定　　价 | 149.00元 | |

# 《中国埙乐文化》项目编委会

**总顾问：** 乔建中

**主　编：** 刘宽忍

**总策划：** 党　靖　党晓绒

**编　委：** （按姓氏音序排序）

# 前　言

　　"至哉！埙之自然，以雅不僭，居中不偏。故质厚之德，圣人贵焉。"唐代郑希稷的《埙赋》写出了埙的平和之气、理化之音。埙刚柔必中，清浊靡失，古今无出其右者。

　　埙是我国最古老的乐器之一，在几千年漫长的演变过程中，虽经传承发展但仍日渐式微。1956 年以来，西安半坡遗址、姜寨遗址先后出土了距今 6000 多年的陶埙。1973 年，浙江余姚河姆渡文化遗址出土了一枚无音孔陶埙，经考证，距今约有 7000 年的历史，是我国目前发现的最早陶埙。此后，在河南、山西、宁夏、甘肃、台湾等地，不同历史时期的埙陆续在考古中被发现，与我国一衣带水的日本、韩国等亚洲国家，以及欧洲、非洲，甚至大洋洲、太平洋彼岸的美洲，也有埙的身影。

　　20 世纪中叶，我国个别对古埙有深厚情怀的专家、学者及演奏家，对埙进行了大量的探索和实践，在埙的制作、乐曲创作、演奏等方面付出了艰辛的劳动，取得了一些宝贵经验，并在国内外舞台上成功演出，受到了高度赞扬。此外，埙在影视作品中也有所展示，不过大多作为色彩乐器使用。但埙毕竟是小众乐器，加之舞台艺术受众面的局限等诸多因素的影响，这一古老艺术发展缓慢。直到 20 世纪 80 年代末，埙对于绝大多数音乐界人士而言仍然是一种很陌生的乐器，社会上知道埙的人更是寥寥无几。

可喜的是，20 世纪 90 年代初，贾平凹先生在听到埙曲《遐想》后产生了强烈共鸣，并激发了他对埙的浓厚兴趣。恰在此时，贾平凹先生正在构思他的长篇小说《废都》，便将埙写入这部小说。1993 年，《废都》发表，埙由此受到社会的普遍关注，为大众所知。短短几个月内，当时在西安音乐学院任教的我便收到了几万封来自全国各地的信件，这些信件无一不在表达想了解埙、学习埙的强烈渴望。

随着人们对埙这种古老而神秘的乐器关注度的提高，埙乐艺术受到越来越多人的青睐。这其中有埙乐研究专家、演奏家，也有众多民间爱好者。自《废都》引发埙乐热潮之后，社会上涌现出许多埙乐爱好者，他们对埙乐有着执着的热爱，在埙的制作方面，也进行了潜心研究和实践。他们所做的埙也有较好的基础，但与专业埙乐器有一定区别，还需要进一步接受专业的指导和专业舞台的检验。工艺品埙正在形成日渐壮大的产业市场，其中部分工艺品埙经过不断改良可以吹奏完整曲调，满足了民间爱好者赏玩的基本需求。

在专业领域方面，王其书先生双腔葫芦埙的发明与张荣华先生群体埙的多声部系列化的成功研发，使全新的、专业的埙乐团的组建成为现实。埙在制作、乐曲创作和演奏方面的长足进步，推动了埙的教学、普及，以及专业体系的形成，进而在中西乐器组合方面取得了一定的成果。目前，埙作为专业乐器已经进入高等音乐院校的专业教学领域，并跻身专业音乐活动的主奏乐器行列。总体上看，埙乐艺术的发展正呈现出良好局面。

为了正确引导众多喜爱埙乐的朋友，亦作为对28年前那几万封来信的诚挚回应，我们编撰了这套《中国埙乐文化》丛书。这套丛书编撰历经数年，在这过程中有很多困扰、纠结、为难。埙是一种古老而年轻的乐器，其资料零散细碎，编撰团队从不同渠道搜集、甄别、整理，费尽心力，而有些研究尚在进行当中。受主客观因素影响，埙在理论、制作、乐曲创作、演奏等方面的研究成果恐仍有遗漏。一言以蔽之，时间紧迫、水平有限，书中不尽如人意之处，还望各位同人海涵。

书稿付梓在即，感谢国家出版基金的大力支持，感谢太白文艺出版社编辑团队的辛勤付出，感谢所有为此书提供资料的专家、学者，包括已故的名家前辈，感谢《中国埙乐文化》丛书编委会成员付出的艰辛努力。书中所有由专家本人提供的资料，原则上未做改动。本套丛书只是阶段性成果，若能使广大埙乐爱好者从中受益，我们不胜欣喜。望诸君携手，共同致力于埙乐艺术的繁荣发展。

刘宽忍

2020年5月于西安音乐学院工作室

**第一章 千古之谜：埙的起源** / 003

第一节 历史印记 / 003

第二节 形制演变 / 013


**第二章 历史印痕：埙的考古发现与文献研究** / 037

第一节 新石器时代的埙 / 038

第二节 夏商周时期的埙 / 065

第三节 秦汉至明清时期的埙 / 091


**第三章 千古流音：埙的乐器学分析** / 133

第一节 新石器时代埙的测音分析 / 134

CONTENTS

第二节　商埙的测音分析 / 148

第三节　两周埙的测音分析 / 154


**第四章　敬神娱人：埙的社会功能** / 171

第一节　乐以助祭：作为神器的埙 / 172

第二节　中和之音：作为乐器的埙 / 184


**第五章　薪火相传：埙的保护与传承** / 197

第一节　埙的探索改进 / 197

第二节　埙乐创作 / 206

第三节　埙的传承与保护 / 212

# 第一章 千古之谜：埙的起源

埙，是我国古老的传统乐器，外观古朴轻巧，音色厚重低沉，作为中国传统文化的重要符号，蕴含着深刻的民族精神文化。是什么力量让这一古老乐器，在经历了七千年的沧桑巨变后，仍然焕发着夺目光彩？这是每一个想了解埙这一"华夏旧器"的人首先要追问的问题。

《说文解字》曰："土，地之吐生物之者也。"土生养万物，万事万物都以土为基，故称"大地母亲"。掬一抔黄土，"以水火相和而后成器，亦以水火相和而后成声"，故埙音是大地之乐音，阴阳之和声。这种声音来自宽厚温暖的泥土，充满着人类的原初情感和质朴敦厚之趣，又经博大精深的中华文化熏染，故能行稳致远，穿越七千年时空，流传至今。

## 第一节 历史印记

埙这一乐器首先值得重视的就在于它是中华民族特有的古代乐器，它为我国古代音阶的研究提供了物证。音乐上的"文化西来说"

在这无可辩驳的事实面前，实在难有立足之地。

埙不仅是我国现存最古老的乐器之一，而且它还具有中华民族鲜明的民族特色。埙经过发掘与改进，已在现代民族乐队中经常使用。

人们常用文字的出现作为界限来区别野蛮与文明。从大汶口文化中发现有陶器文字来看，我国已有五千五百年左右的文明史。我国音乐文化的历史，从产生有规律的音阶形式来看，应该不短于文字的历史。

许多有关音乐的神话传说，大都源于轩辕黄帝。事实上，从音乐起源于劳动的角度来看，要远远早于传说中的黄帝时期，西安半坡遗址出土的陶埙已经反映出明显的音程关系，尽管它也许只是作为狩猎的工具。半坡陶埙反映的音乐发展程度，远远超过神话中模仿凤鸟鸣声所反映的音乐发展程度。

一、史海觅迹

关于埙的文字，史料记载并不多，我们只能通过有限的文字来梳理其发展演变的脉络：

《吕氏春秋·仲夏纪·古乐》载：

> 帝喾命咸黑作为声，歌《九招》《六列》《六英》，有倕作为鼙、鼓、钟、磬，吹苓、管、埙、篪……[1]

---

[1] 《吕氏春秋汇校》，中华书局，1937，第 134 页。

《吕氏春秋》是战国末年秦国丞相吕不韦集合门客编撰的一部辑百家之学的著作，书中的"倕"相传为尧舜时代的乐官，是一名巧匠，善作弓、耒、耡等，且善吹埙。倕生活的时代为原始社会晚期或新石器时代，说明埙在原始社会晚期已经产生。

中国古代著名史籍《世本》记载："埙，暴辛公所造。"《世本》主要记载黄帝迄春秋时期的传说与史实。

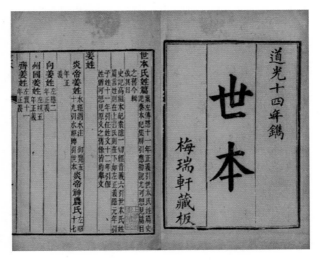

《十种古逸书·世本》书影

暴辛公是东周周平王时期的卿士，因其被封在暴邑，所以称"暴辛公"，暴辛公善于吹陶埙，故有暴辛公造埙之说。但从出土的埙的实物可知，浙江余姚及西安半坡出土的埙已经有六七千年的历史了，可见暴辛公造埙之说是不可信的。2018年，在陕西澄城刘家洼发掘了春秋早期芮国国君及夫人墓，出土编钟、编磬各两套，并配有多件建鼓、铜铙、陶埙等乐器。其中，五孔陶埙制作非常精巧。

可见，春秋早期，埙跟钟磬一样，是非常重要的乐器。暴辛公作为周平王的卿士，具有很高的社会地位，暴辛公一定是以吹埙闻名，抑或对埙进行过改良，故有暴辛公造埙之说。如民族乐器阮咸就是因为魏晋名士阮咸善弹之而得名。

《世本》此说原出《诗经·小雅·何人斯》诗《小序》之意，《小序》："《何人斯》，苏公刺暴公也。暴公为卿士而谮苏公焉，故苏公作是诗以绝之。"《世本》据以成论。三国蜀人谯周《古史考》云："古有埙、篪，尚矣。周幽王时，暴辛公善埙，苏成公善篪，记者因以为作，谬矣！"[①]可见，"暴辛公作埙"的观点已被三国时期蜀汉官员谯周纠正。《世本·作》曰："埙，六孔也。"又记录："作埙，有三孔。"

《风俗通义》记载："埙，烧土也。围五寸半，长三寸半，有四孔，其二通。凡六孔。"[②]

《风俗通义》为东汉末年著名学者应劭所撰，被众多学者看成是我国历史上第一部民俗学专著，其中保存了不少有关音律、乐器、神灵、山泽陂薮、姓氏源流的资料。该书对埙的尺寸做了记载，指出四孔之中二孔相通。"其二通"是否为挂绳孔和一个吹孔相通，不得而知。再加上三个指孔，即为"四孔"。"凡六孔"或为"凡六空也"，"凡""六"是否可能为音名"sol""la"，目前还无法考证。

---

① 《十三经注疏》本《尔雅·释乐》（邢昺疏引），第 2601 页。
② 《文渊阁四库全书》卷六。

汉代马融《长笛赋》有"暴辛为埙"的记载。马融是东汉时期著名经学家，他遍注《周易》《尚书》《毛诗》《论语》《孝经》等。马融的记述与《世本》记载相同。

东晋王嘉所著《拾遗记》记载："庖牺氏灼土为埙。"①

王嘉所言"庖牺"即华夏民族人文先始、三皇之一的"伏羲"，他是中国古籍中记载的最早的创世神。伏羲有许多不同的称呼。宋代郑樵所撰《通志》卷一载："或言象日月之明，故曰太昊。伏制牺牛，故曰伏牺。因取牺牲，以充庖厨，故号庖牺。"相传伏羲根据天地万物的变化，发明创造了占卜八卦，并令人造六书，结束了结绳记事的历史。从我国古代的文献记载中，我们还可以发现很多关于伏羲制琴、制瑟、制箫的记载。

伏羲生于古代成纪。由于考古发现的局限，我们还不能确认古代文献中所记载的伏羲制埙、制琴、制瑟等史事的真实性，但如李纯一在《中国上古出土乐器综论》中所说："不过这些神话传说所暗示琴瑟有着悠久历史这一点，应该是可信的。""我们知道神话是处于蒙昧或者野蛮时代的人类通过幼稚的想象，来表现其复杂的、萌芽状态的意识，但是，这并不影响我们从文献记载和考古发现两方面，来探讨伏羲时代制作乐器的可能。"②

与《世本》《长笛赋》"暴辛公造埙"的记载相比，"庖牺氏

① 王嘉撰，萧绮录，齐治平校注：《拾遗记》，中华书局，1981，第1页。
② 漆晓勤：《从经部文献记载看伏羲与音乐的关系》，《语文教学通讯》2014年第1期。

制埙"的记载更早。除此以外，"灼土"说明埙是用泥土捏制，再用火烧制而成。因此，相比而言，"庖牺氏灼土为埙"的记载从时间上说更加接近史实。

《通历》载："帝喾造埙。"《通历》是唐代德宗、宪宗时人马总所撰，该书上起三古，下终隋代。

帝喾，姬姓，高辛氏，名俊（一作夋），黄帝的曾孙，上古时期部落联盟首领，五帝之一。帝喾前承炎、黄，后启尧、舜，奠定了华夏根基，是华夏民族共同的人文始祖，商、周两朝先祖，帝尧、帝挚之父。由此可见，"帝喾造埙"和"庖牺氏灼土为埙"有异曲同工之处，都是假托华夏民族的共同人文始祖而言埙，充分说明了埙的历史之悠久。

唐代马总在其《通历》中还称："高辛氏制鼖、鼓、钟、磬、埙、篪。"①

《路史》卷十载，太昊伏羲氏以土为原材料制作出埙："灼土为埙，而礼乐于是兴焉。"

《路史》是南宋罗泌撰，此书为杂史。路史，即大史之意。该书记述了上古以来有关历史、地理、风俗、氏族等方面的传说和史实，取材繁博庞杂，是神话历史之集大成之作。《路史》中记载有大量有关音乐的神话。《路史》"伏羲氏灼土为埙"与《拾遗记》中的记载完全一致。

---

① 《文渊阁四库全书》卷一○九。

宋代叶廷珪在《海录碎事》中载：

> 暴辛为埙。庖牺作琴，神农造瑟，女娲制簧，暴辛公
> 作埙，乐也。①

宋代王应麟编撰的《玉海》载：

> 高辛氏埙、篪见乐类。《世本》："暴辛公作埙，苏
> 成公作篪。"《古史考》云："古有埙、篪，尚矣。"②

这几则文献中记载的"暴辛公"，应该是附会而致讹。《通典·乐四》曰："埙，《世本》云'暴辛公所造'，亦不知何代人，周畿内有暴国，岂其时人乎？"或许是"高辛氏"之讹，如果是这样，"高辛氏"也就是"帝喾"，是尧之前的原始社会部落首领。帝喾时代造埙，尧时代的倕氏吹埙，从时间上论是不矛盾的。

梳理史料可知，文献记载中埙的发明者主要有四个人：庖牺氏（伏羲）、帝喾、暴辛公、倕氏。关于这些发明者的身份，按其来源，可以分为三类：第一，时代名之转化，如庖牺氏（伏羲）实际上代表着渔猎时代，捕鱼和狩猎是此时获取食物的主要方式。第二，上升为祖先的帝王之转化，如帝喾是黄帝曾孙，五帝之一。"帝"

---

① 《文渊阁四库全书》卷一六。
② 同上，卷一一〇。

在神话中是具有造物主地位的大神，天地万物无不为帝所创造。并且我国盛行祖先崇拜，人们往往将生活中的发明创造附会到祖先身上。第三，历史人物之转化，如倕氏、暴辛公，他们的发明创造，或有真实的史影，或为扩大祖先的声名威望而附会，如暴辛公或为暴姓人的始祖。

从历史时代分析：庖牺氏即中华民族文明始祖伏羲；帝喾为五帝之一，与倕氏几乎同时代；暴辛公是商朝或周朝的王侯大夫；三皇五帝均为我国传说中的上古帝王。考古证明埙已有七千年左右的历史，可见五帝之前埙就出现了，文献中埙制作于新石器时代的记载是可信的。西安半坡出土的陶埙实际上称为陶哨更为恰当，尚不能算是乐器，可能发展到四千年前才成为吹奏乐器。历代文献相互转引关于埙起源的记载，说明古代史学家已经认识到埙是有着悠久历史的乐器。

## 二、埙的起源

那么，埙到底是如何产生的？关于埙的起源，人们经常持两种观点：一种是猎具说，另一种是玩具说。

猎具说认为：原始社会，生产力非常低下，古人类还处于狩猎时代。为了生存，人们举着棍棒，追逐野兽，奔跑着向野兽投掷石块。在漫长的摸索中，古人类打制出一种威力较大的球形飞弹——石流星。有的石流星有蜂窝眼，投掷时还发出声响，用来模仿鸟兽的叫声，作为诱捕鸟兽的一种辅助工具。之后，石流星改用陶土烧制，逐渐演变成为埙的前身。浙江河姆渡出土的陶器很可能就是模仿石流星制成的，因为，从表面上看它是一块普普通通的卵形石头，但是仔细观察就会发现石头的一端被人磨凿出了一个吹孔。

也有观点认为猎具说恐不可信："因为石料与陶土相比，在制埙工艺上要困难和复杂得多，要制作中空体小且易手持吹奏的石埙，仅把埙体内部挖空一项，难度就相当大。新石器时代晚期的石磬制作还那样简单粗糙，新石器时代中期制作石埙就更不可能。再说，考古发现的最早石埙是商晚期的制品，因此，最早的埙不是石质，其起源于'石流星'并制作于新石器时代中期一说亦难成立。"①

玩具说是关于埙的起源的一种猜想，此说认为：古人类将泥土和水而捏，然后烧制成陶器，吹出声音以娱乐。西安鱼化寨至今保留着烧制娃娃哨（或曰"泥叫叫"）的传统。这种传统从何而起，人们不得而知，但泥叫叫确实可以和陶埙的产生建立起关联。正如"卷芦叶为筚，吹之以为乐"一样，将芦叶卷为喇叭，吹之自娱自乐。古典音乐文献中记有许多带竹字头、草字头的乐器名称，现已难以考证了。从这些文献资料推断，埙有可能起源于古人的娱乐活动。这种猜想或可称之为埙起源的"玩具说"。

"玩具说"猜想的依据是："埙的起源应与某些自然现象和人类的生产、生活活动有关。比如一些植物类（如芦管、竹筒等）在疾风吹过时可发出自然声响，这种现象有可能触发先民的创造意识，他们或许会取一节竹筒、一只螺壳，抑或一些鸟兽肢骨，把骨髓取

---

① 方建军：《先商和商代埙的类型与音列》，《中国音乐学》1988年第4期。

出，用这些较易得来的管状体吹出简单的声响，这就是最初的竹哨、骨哨等。当初主要把它们应用于劳动生产中，如在狩猎时吹奏骨、木哨来发出进攻的信号或模仿鸟兽鸣叫以诱捕猎物等，类似例子在近世我国北方鄂伦春等族尚可见到。后来，这些简易的管状乐器逐渐演化分离出独立的、不同式样的吹奏乐器。这些竹（木）哨或骨哨类乐器取材方便，制作简易，因而它的产生应比陶埙要早。考古发现有距今七八千年的裴李岗文化骨笛比半坡陶哨和河姆渡第四层陶埙的年代都早，即是显证。陶埙的最初发明应是在出现了陶器之后，可能先是用陶土捏制成与骨哨类相仿的陶哨，后来才逐渐演化成陶埙。半坡出土的两枚陶哨，形状大小相同，一枚上下贯穿，一孔；另一枚只一端有孔，形制较原始。我们初步认为，它们应是从骨、木哨类向陶埙过渡的中间标本，其与陶埙的形成当具有一定的渊源关系，因此我们不妨称之为陶哨。这种陶哨有可能是陶埙的较原始形态之一，但从与半坡陶哨时代大体相当的河姆渡第四层埙的形制较为规整来看，先民们最早发明陶埙的时代或有可能比仰韶文化或河姆渡早期稍有提前。旧石器时代尚无陶器，故不可能有陶埙，但新石器时代早期已有陶器出现，当具备产生陶埙的条件。这时的陶埙，应该就是埙的祖型。"[1]

关于埙的起源，有学者认为，在人类发展过程中，卵形是自然工具的一个非常重要的造型。对于临河而居的原始人类，鹅卵石是

---

[1] 方建军：《先商和商代埙的类型与音列》，《中国音乐学》1988年第4期。

人们最为"顺手"的工具。出土的石制器物，似乎可印证石埙是从石流星演变而来，至少这里的石埙是从石流星中得到启示演变而来。因此，可以得出一个结论：埙的起源应是多元的，与不同地域人类的生产、生活有关。在以农耕为主要生产方式的平原地区，恐怕很难有石埙出现。

## 第二节　形制演变

除了考证埙的发明者和起源外，埙的形制演变也是必须要关注的，特别是埙的孔数。因为，埙的发音离不开其形制、演奏方式和声学规律，了解了埙的形制构造，发音原理也就清晰可见了。关于埙的形制演变，史料中也有清晰的记载，通过梳理可以揭示出埙独特的发展与演变路线。

历史上，埙的形制经历了一个由不统一到相对统一的发展历程，到了商代中后期，五音孔尖口圆腹小平底埙的大量出现，标志着乐器埙的最终定型与基本成熟。

《周礼·春官·小师》载："小师掌教鼓、鼗、柷、敔、埙、箫、管、弦、歌。"[1] 郑玄注"埙"曰："埙，烧土为之，大如雁卵。"[2]

郑玄是东汉末年儒家学者、经学大师，他对埙形制的描述与出土的新石器时代埙基本相吻合。出土的埙确是"烧土为之"，其大

---

① 《十三经注疏》本《周礼注疏》卷二三，第 797 页。
② 同上。

小、形状也如同"雁卵"。郑玄的描述是依据所见到的汉代埙，还是汉代仍然保留着的原始社会埙，我们不得而知。但可以肯定的是，郑玄所描述的"埙"与出土的新石器时代埙的形制是基本一致的。需要特别强调的是，古代学者绘制的埙图，埙有大小之分，与考古出土的埙的形状也是一致的。

从"烧土为之"可知，埙与火密不可分，因为陶器是火烧制而成的。那么，中国陶器始于何时？史籍有"黄帝以宁封为陶正""舜陶于水滨"等说法。但从考古遗存看，陶器产生的时间远远早于黄帝、舜时期。

从遗存的实物来看，新石器时代陶埙的制作一般是就地取材，采用合适的黏土为原料，因此，早期的陶埙显得比较粗糙。

从目前我国浙江余姚河姆渡遗址出土的最早的陶埙（哨）来看，它是用细泥捏制而成，工艺比较原始。根据河姆渡遗址出土的其他烧制的陶器来看，烧成温度为800℃~900℃，在缺氧的还原焰中烧制而成。该埙只有一个吹孔，而无按音孔，只能发一个音。

浙江河姆渡遗址出土的椭圆形埙

西安半坡仰韶文化遗址出土的两枚陶埙，一枚有按音孔，另一枚无按音孔，均采用细泥捏制而成。从埙体呈灰黑色、表面光滑但不平整来看，它们具有很明显的仰韶文化特征，应属于"彩陶文化"范畴。西安半坡出土的埙距今有六千多年的历史。史学家认为，仰韶文化时期的人类应是现在华北人的祖先，这种彩陶应该是中国新石器时代最为光辉灿烂的艺术品之一。

各地出土的陶器和陶片中有黑陶、灰陶、红陶、彩陶、印纹陶和白陶等，之所以能出现这么多种颜色的陶器，和制陶原料的化学成分和火烧的程度有关。

通常陶土的含铁量和烧结的程度决定了陶埙的颜色和硬度，氧化焰中烧制的陶埙呈红色，还原焰中烧制的陶埙则呈灰色。在我国的龙山文化遗址中还发现了黑陶埙，其烧制的方法独特，在制陶历史上是独树一帜的。

1972 年至 1979 年在陕西发掘的姜寨大陶埙和小陶埙，均出土于姜寨二期文化层中的 358 号墓。其中一枚陶埙为暗红色，上端有一个吹孔，无音孔；另一枚陶埙同样为暗红色，上端有一个吹孔，无音孔。两枚埙基本完整，形似橄榄，细泥红陶，中空。还从另外一座墓出土了一枚二音孔陶埙，形似蜜桃，陶质坚硬，颜色褐红，通体饰有陶拍打出的细绳纹。

1931 年，在山西万荣县荆村出土了三枚埙，属于新石器时代的遗物。荆村出土的埙，一枚呈管形，只有一个吹孔，无音孔；一枚呈椭圆形，除吹孔外，还有一个按音孔；一枚呈球形，略扁，顶端有一个吹孔，埙体上有两个按音孔。

2017年，在陕西神木石峁遗址出土球形陶哨十余枚，小巧精致，有一孔哨、二孔哨、三孔哨，经吹奏，声音嘹亮而有穿透力。从形制来看，是在人工捏制的基础上烧制而成。石峁陶哨距今四千年左右，从烧制技术来看，石峁人烧制的陶埙已经非常精致。

石峁遗址球形陶哨（陕西省考古研究院提供）

1976年，在甘肃玉门火烧沟遗址出土了二十多枚大小不一的陶埙。从出土实物看，这时的陶埙制作尚未有固定的模型，还完全处于手工操作阶段。九枚完好的埙都呈扁平的圆鱼形状，埙体上有网纹彩绘；埙体的鱼嘴处为吹孔，两肩各有一音孔，在左鱼腹偏尾部有一音孔。这是我国发现的三音孔埙中年代最为久远的一批，经测定约为新石器时代晚期或夏代的遗物。

甘肃玉门火烧沟文化遗址蛙形埙[1]

从出土的陶埙来看，无论是原始社会还是商代，埙的体积均很小，高5厘米左右，所以，其声音似哨，还没有后来的埙那样的古朴、浑厚的声音。

陶埙从新石器时代到商代，经历了数千年的漫长发展过程，可见当时生产力发展的水平。从原始社会火烧沟文化遗址的鱼形埙到晋、陕地区的球形管状埙，再到河南地区出土的殷商时期的梨形埙，尽管各地埙的形状不同，但其音程基本相同，说明了人们对音阶认识的相通性。从一音孔埙到两个音孔的埙再到三个音孔的埙，可以看出音阶的发展、演变过程。

从制作材料看，商周时期在陶埙的基础上出现了用石、骨等材质制作的埙，音孔由最原始的一孔，演变为五孔，并开始作为一种乐器，用于宫廷雅乐的演奏。

① 刘东升：《中国音乐史图鉴》，人民音乐出版社，2008，第44页。

河南郑州二里岗遗址上层兔埙　高 5 厘米[1]

河南郑州二里岗遗址上层兽埙　高 5.3 厘米[2]

安阳殷墟侯家庄 1001 号墓出土的骨埙　高 5.34 厘米[3]

---

[1] 刘东升：《中国音乐史图鉴》，人民音乐出版社，2008，第 42 页。
[2] 同上。
[3] 同上书，第 43 页。

《尔雅》载："埙，烧土为之，大如鹅子，锐上平底，形如秤锤，六孔，小者如鸡子。"

《尔雅》是儒家崇奉的辞书经典之一，是中国古代最早的词典，是辞书之祖。《尔雅》成书的时间上限不会早于战国，下限不会晚于西汉初年，因为在汉文帝时已经设置了"尔雅博士"这一官职。

《尔雅注疏》是古代对《尔雅》加以注解的著作，作者为晋代郭璞（注作者）与北宋邢昺（疏作者）。《尔雅注疏》对埙的形制做了较全面的描述，认为：埙是烧土而成，大的跟鹅蛋一样，上尖底平，形状像秤砣，六个孔，小的跟鸡蛋相似。从"大如鹅子""小者如鸡子"可知，其为不规则的卵形；"锐上平底"表明，大的为平底卵形；且雅、颂两种埙在体积上差异较大。到了商代晚期，埙基本定型为平底卵形，且多为陶质，也出现了石埙和象牙埙。

《尔雅·释乐》载："大埙谓之嘂（音 jiào）。"

以上所引述的文献对埙形状的描述很具体也很准确，除了埙孔的多少与出土的埙有差别，其他形制相近。郭璞所说"埙"区别大小，其名也有界分。

秦代埙仍应用在宫廷音乐当中。到了汉代，俗乐十分盛行，所谓"俗乐"即民间音乐。此时，埙作为土生土长的产物，更有了它的用武之地，其演奏空间进一步拓展，成为吹奏曲调的旋律乐器。

班固所撰《汉书·律历志》载："八音：土曰埙，匏曰笙，皮曰鼓，竹曰管，丝曰弦，石曰磬，金曰钟，木曰柷。"描述了八音的分类及其代表性乐器，土类乐器主要有埙、缶。八音是中国乐器的分类方法，根据乐器的制作材料将其分为金、石、土、木、丝、竹、匏、革。八音分类法是我国最早的乐器分类方法，在东周末至清代的二千多年中，我国一直沿用八音分类法。

《拾遗记》载："庖牺氏灼土为埙。"[1]认为埙是庖牺氏用泥土烧制的。"灼土为埙"强调埙的制作材料是土。

《广雅》曰："埙，像秤锤，以土为之，有六孔。"

《广雅》是三国魏时张揖撰的一部百科词典，是仿照《尔雅》体裁编撰的一部训诂学汇编，有增广《尔雅》之意，相当于《尔雅》的续篇。

《广雅》关于埙的记载，从形制和制作材料均与《尔雅》相同，只是《广雅》强调了"有六孔"的记载。可见，三国时期，常见的埙为六音孔埙。这一记载与史实相符，埙在商代达到五个按音孔后，其形制呈平底卵形，基本稳定，没有新的发展，到一千多年后的汉代才出现了六音孔陶埙。

《说文解字》曰："埙，乐器也，以土为之，六孔。"[2]

《说文解字》是我国第一部系统地分析汉字字形和考究字源的辞书，其对埙的记载与上述史料记载一致。

北魏时期，埙在乐队中仍然扮演着重要的角色。敦煌石窟第435窟壁画上的乐伎就使用形似球状的瓷埙吹奏，云冈石窟第12窟中也有乐伎持埙演奏。从图像来看，埙的形制没有大的改变。

《旧唐书·音乐志》说："埙，暄也，立秋之音，万物将暄黄也。

---

[1] 王嘉撰，萧绮录，齐治平校注：《拾遗记》，中华书局，1981，第1页。
[2] 许慎：《说文解字》，上海古籍出版社，2007，第687页。

埏土为之，如鹅卵，凡六孔，锐上丰下。"[1]

《旧唐书》成书年代为五代后晋，离唐朝灭亡时间不远，资料来源比较丰富。《旧唐书》在描述了埙的声音特征的基础上，将埙与季节联系起来，并进一步指出其制作方法。"埏"意思是以水、土和泥，即用水和黏土揉和，再捏制成埙的泥坯。

隋唐时期，随着民间俗乐的发展和经丝绸之路传入我国的乐器增多，雅乐日渐衰微，埙这一主要用于雅乐的乐器，其乐器功能日趋弱化，并逐渐成为民间的玩具，但在宫廷的雅乐中仍保留了这一乐器。隋唐时期的埙，其形制已由卵形、梨形、橄榄形向人面或动物头形转变，说明到隋唐时，埙在民间可能是一种普及的儿童乐器了。如目前所见的隋青釉猪面埙，河南巩县（今巩义市）黄冶窑址发现的唐代瓷质人头埙、猴头埙，以及传世的唐白釉人面埙、瓷胎猴面埙、黄釉人面埙和深绿釉怪面埙等。

隋青釉埙[2]

---

[1] 刘昫等：《旧唐书》卷二十九《音乐志二》，中华书局，1975，第1077页。
[2] 贾城会编著：《邢窑文化集萃》，河北美术出版社，2015，第135页。

唐老人头青釉埙①

唐胡人头埙②

　　隋唐时期出土埙形制的多样化，恰好说明其音乐功能的弱化，这从河北邢窑出土的三枚人首三孔埙和一枚人首三孔埙模即可得到进一步说明。邢窑出土一枚带沿的青瓷埙，年代大约在南北朝，制

---

① 贾城会编著：《邢窑文化集萃》，河北美术出版社，2015，第133页。
② 同上书，第134页。

作非常朴拙和厚重，整体呈圆形，带边沿直径约 6 厘米，面部宽约 4 厘米；釉色大多脱落，面目基本清晰，鼻梁高挺；两个音孔在脸颊上，捏住边沿，双手食指按住音孔吹奏，便发出低沉刚劲的声音。还有一件是粗白瓷埙，高约 5 厘米，宽约 4 厘米，年代应为隋代；制作精细，面目清晰，发丝分明，尤其双眼球上的瞳孔用两个黑点来表现，神态活灵活现；两音孔在两嘴角处，吹奏起来清脆悦耳。另外一件较大的陶埙，年代应为隋唐时期，高约 8 厘米，宽约 6 厘米；制作比较粗糙，面目模糊，可能是制作过程中泥坯较软而变形的缘故，入烧时只稍加工而已，吹奏时音质也不太响亮。

邢窑还出土了一枚埙模。它用瓷土实心捏就，器形硕大，老人头造型，入火轻烧，未施釉。可明显看出面部精雕细琢的痕迹，尤其额头皱纹凸显，鼻梁高挺，连鼻孔都有。

邢窑人首三孔埙都是模制而成，分前面和后壳，是前后捏到一起的。这从带沿的青瓷埙能看出来，其边沿就是捏出来的，然后用刀削一圈，再在顶部削一个槽，旋一个吹孔。①

---

① 贾城会编著：《邢窑文化集萃》，河北美术出版社，2015，第 146 页。

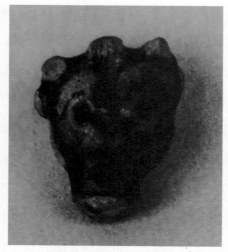

隋青釉猪面埙　高 4.8 厘米　宽 4 厘米①

唐黄釉人面埙　高 4.8 厘米　宽 4.8 厘米②

---

① 白建国:《中国古代瓷塑玩具大观》,光明日报出版社,1997,第 1 页。
② 同上书,第 6 页。

唐黑褐釉怪面埙　高5厘米　宽5.5厘米①

唐长沙窑青瓷象形埙　高4.3厘米②

---

① 白建国：《中国古代瓷塑玩具大观》，光明日报出版社，1997，第7页。
② 同上书，第6页。

唐瓷胎猴面埙①

　　到了宋代，埙的形制更加多样化。中国艺术研究院音乐研究所藏的人头埙、怪异人头埙、哨形埙，传世的西夏灵武窑的牛头埙，以及辽代的猪面埙、人头埙、素胎人面埙等可以佐证。据《中国大百科全书·音乐舞蹈卷》记载，宋代还有过七个按音孔的木埙，但没有流传下来。

　　宋代聂崇义所撰《三礼图集注》载："《周礼》曰'小师掌教埙'，注云：埙，烧土为之，大如雁卵，谓之雅埙。"又注曰："凡六孔，上一，前三，后二。"②该记载在六孔的基础上，进一步指出位置为上一、前三、后二。聂崇义此记别为"雅埙"和"颂埙"。按照聂氏说，埙又有古今之异，他所图绘的埙就有"古埙"和"今

---

① 白建国：《中国古代瓷塑玩具大观》，光明日报出版社，1997，第40页。
② 聂崇义：《三礼图集注》，上海古籍出版社，1985，第80页。

埙"两种。所谓"今埙"应该是聂崇义在五代到北宋初年所见到的
埙。至于为什么区别为"雅埙"和"颂埙",后人解释说明:"其
声高浊,合乎雅、颂,故也。"这当然是埙发展到一定阶段的说法,
在新石器时代,埙是否合乎雅、颂,已不得而知了。但有一点可以
肯定,那就是埙在原始社会的出现必然与宗教礼法有着密切的关系。
关于这个问题,以后世文献的记载看,大致符合原始社会的文化及
观念。宋代王昭禹《周礼详解》解说《周礼·小师》中"小师掌教鼓、
鼗、柷、敔、埙、箫、管、弦、歌",也以"阴阳之和声"为说。

　　《乐书》说:"埙之为器,立秋之音也。平底六孔,水之数也。
中虚上锐,火之形也。埙以水火相合而后成器,亦以水火相和而后
成声。故大者声合黄钟大吕,小者声合太簇夹钟,要皆中声之和而已。"

　　《乐书》是宋代陈旸的乐理专著,是从《史记》相关篇章中辑
录而成的关于音乐的著述。从《乐书》和《三礼图集注》等史料可
知,埙在宋代雅乐中仍是不可或缺的乐器,其形制与民间流传的玩
具埙有巨大的差异。

　　西夏灵武窑址出土的与宋同时期的牛头埙和传世的辽代埙,二
者虽然形制不同,内部结构却极为相似。因而它们和卵形、梨形及
橄榄形埙最大差异并不在发音原理。西夏灵武窑埙和辽代埙均呈
"▽"形,其音量均超过了卵、梨和橄榄形埙呈"△"形的音量。
辽宁关宝宗先生所藏的辽代人面埙和猪面埙,均只有两个按音孔,
但音阶和过去的两音孔埙不一样,音与音之间是一个大三度加一个
小二度,这为我们了解辽代音阶提供了一个依据。这两枚埙很明显

是儿童玩具，但按照现代埙的体积和音孔对其中的人面埙进行研究后，发现其在音色、音量上具有明显优势，这种辽代埙除了很好地保留了中国埙所具有的古朴、厚重、典雅的音色外，音量增大，并且演奏也非常方便。

北宋越窑青瓷鸟形埙　高 5.1 厘米[①]（浙江省博物馆藏）

宋代人面埙[②]

---

① 陈秉义编著：《古埙艺术》，辽宁画报出版社，2001，第 20 页。

② 中国艺术研究院音乐研究所编：《中国乐器图鉴》，山东教育出版社，1992，第 112 页。

西夏灵武窑牛头埙[1]

辽代猪面埙[2]

① 陈秉义编著:《古埙艺术》,辽宁画报出版社,2001,第2页。
② 同上书,第21页。

宋素胎人面埙　高5厘米　宽4.5厘米①

辽代人面埙②

① 白建国：《中国古代瓷塑玩具大观》，光明日报出版社，1995，第57页。
② 陈秉义编著：《古埙艺术》，辽宁画报出版社，2001，第21页。

　　元明清三代，埙在宫廷雅乐中仍然使用。北京故宫博物院和中国艺术研究院音乐研究所各藏有一枚清代红漆云龙埙，有着极其珍贵的价值。清代红漆云龙埙有六个按音孔，呈平底卵形，两肩处比商埙要宽，髹红漆，上面绘制的金龙和云纹精美无比。

清代红漆云龙埙　高8.5厘米　腹径7厘米① （北京故宫博物院藏）

　　清代，民间埙的传承几乎断代，直隶人吴浔源得埙，复制出商代五音孔梨形陶埙传世。吴浔源还编写了埙的第一部总结性综合论著——《棠湖埙谱》（也称《埙谱》），这是中国古代历史上第一部关于埙的专业著作。该书记述了古埙的材质、样式、演奏技法、音乐审美等，还有部分收集和自创的曲谱。《棠湖埙谱》"是目前仅见的唯一的正式刊印的埙谱专集"，"书中绘图记述了埙的演奏和按指方法，并仿照琴曲减字谱，减化十二律字。"②无论对于古

① 中国艺术研究院音乐研究所编：《中国乐器图鉴》，山东教育出版社，1992，第113页。

② 刘东升：《中国音乐史图鉴》，人民音乐出版社，2008，第112页。

埙制法、奏法还是埙谱研究，都具有较高的价值。

《棠湖埙谱》中共收录乐曲七首，其中《北寄生草》《锁南枝》《懒画眉》《梁州新序》《四边静》五首为昆曲曲牌，另包括梵呗《普庵祖师释谈章》（《普庵咒》）及古琴《相思曲》。从收录曲目来看，吴浔源应该对昆曲较为熟悉，他大概认为古朴的埙适宜演奏古雅的昆曲及古琴曲，能表现出文人气息和典雅内涵。至于《普庵咒》，吴浔源在《棠湖埙谱》中写道："埙之为音，非但于昆曲相宜，即缁流所诵经咒，亦俱谐叶。如瑜伽焰口……"可见，在吴浔源看来，埙朴实、平和的音色演奏有朗咏特征的《普庵咒》一曲，可平人心境、定人精神，实为文人之"雅"的另一种体现。

从《棠湖埙谱》可知，吴浔源所用之埙为六孔埙，一个吹孔、五个按音孔。六孔古埙的实际音域只有一个八度左右，而《棠湖埙谱》中有些曲目的音域远远超过埙的音域。那么，吴浔源如何利用六孔古埙吹奏《棠湖埙谱》中的乐曲？《棠湖埙谱》中记载了俯吹和仰吹两种特殊的吹奏方法，分别将埙的音域向上、向下拓展一个纯四度，以满足演奏的需要。

《棠湖埙谱》不仅是一本埙乐谱，更是文人赏埙、品埙的向导和指南。《棠湖埙谱》中的埙，不仅仅是一种乐器，更是一种被赋予了文人气息的赏玩之器。现今的陶埙偏重"文质"和"古朴"的审美体系能够建立，当有吴浔源及其《棠湖埙谱》的传薪之功。①

---

① 王泽丰：《从〈棠湖埙谱〉三窥吴浔源"文人埙"的审美倾向》，《歌海》2019年第2期。

華靡絲竹淆然忠為艷歌側調啤媛冶之聲其視
至宋景祐以後益增為七孔八孔縣而飾之失古意
矣埙音出於自然在八音中為最簡淺而人心日趨
鶴子聲合大簇夾鍾是曰頌埙然皆六孔以應六律
底平大者如鵝子聲合黃鍾大呂是曰雅埙小者如
為之隋代列於雅樂為二十器之一形橢圓上銳而
埙之制不知起於何時或曰周時有暴新公者燒土
埙譜序

《棠湖埙谱》书影

埙的历史虽然悠久，但其发展一直非常缓慢。直到民国，发展到最多的指孔时也只是六孔埙，更多时期则一直保留着商代的五孔形制。

根据史料记载，并结合出土实物，可以清楚地梳理出埙形制演变的历程。从埙的形制和音孔演变过程来看，陶埙从约七千年前的无按音孔，到约六千年前的一音孔、约五千年前的两音孔、约四千年前的三音孔，再到约三千年前的五音孔，最后到约二千年前的六音孔，说明了我们的祖先对音阶认识方面的历史进程，更进一步展示了我们的祖先在实践中对音乐审美追求的进步。

中国埙发展示意表 ①

| 名称 | 距今时间 | 出土地或诞生地 | 腔体结构 | 超吹 | 形状 | 音孔数 | 音阶 | 音域（胴音算起） |
|---|---|---|---|---|---|---|---|---|
| 单孔埙 | 7000年左右 | 河姆渡 | 单腔 | 无 | 椭圆形 | 无 | | 一度 |
| 两孔埙 | 6000年左右 | 半坡 | 单腔 | 无 | 橄榄形 | 1 | | 三度 |
| 三孔埙 | 5000—4000年 | 荆村 | 单腔 | 无 | 管、椭圆球形 | 2 | | 七度 |
| 四孔埙 | 4000年左右 | 玉门火烧沟 | 单腔 | 无 | 扁鱼形 | 3 | | 四度 |
| 四孔埙 | 3500年左右 | 二里岗 | 单腔 | 无 | 椭圆形 | 3 | | |
| 六孔埙 | 3100年左右 | 琉璃阁 | 单腔 | 无 | 梨形 | 5 | 七声 | 八度 |
| 七孔埙 | 汉代 | | 单腔 | 无 | 梨形 | 6 | 七声 | 八度 |
| 八孔埙 | 宋代 | | 单腔 | 无 | 梨形 | | 七声 | 八度 |
| 八孔埙 | 清—近代 | | 单腔 | 无 | 梨形 | | 七声 | 八度 |

注：胴音又称筒音。

① 陈秉义编著：《古埙艺术》，辽宁画报出版社，2001，第18页。

# 第二章　历史印痕：埙的考古发现与
# 文献研究

埙是研究中国音乐起源无法回避的乐器，也是研究中国古代音乐史重要的参考实物，埙和笛都是已知最早的吹奏乐器。

从留存的文献资料来看，远古音乐之相关记载，大多集中于《山海经》《尚书》《吕氏春秋》等先秦典籍，且常常混杂于神话传说之中，可信程度并不高。

相较文献中那些玄虚的神话传说，出土乐器则是远古先民音乐活动的真实遗物，因此，对出土乐器的研究是我们客观、真实地认识远古先民音乐生活的一把钥匙。

文献有庖牺氏制埙、暴辛公制埙等记载，尽管这些记载难以考据，却说明埙的历史悠久。对于埙的形制，考古实物比文献记载更为直观、清晰。考古发现表明，陶埙在历史上的出现的确很早，并从新石器时代一直延续到今天。

根据目前的考古资料可知，距今七千年左右，中国原始陶器就出现了，陶埙也随之出现。早期，埙的发源地在黄河流域，尤其是陕西的泾河、渭河，以及甘肃东部，比较集中。

# 第一节　新石器时代的埙

## 一、浙江余姚河姆渡陶埙

1973 年，河姆渡村社员在搞农田水利基本建设时发现了河姆渡遗址。在遗址第四文化层出土了一批骨哨，还出土了"陶埙"（以"埙"命名是否准确还存疑）两枚。[①] 这两枚埙呈椭圆形，单腔体结构，只有一个吹孔，发一个音，专家认为这可能是先民们狩猎的工具——石流星（亦称石榴星），是用来模仿鸟兽鸣叫，诱捕鸟兽的工具，由一种可发出哨声的球形飞弹演变而来。

余姚河姆渡遗址陶埙

浙江省余姚市河姆渡遗址是距今约七千年的新石器时代文化遗址，是长江流域早期原始文明的重要标志，稳定的农耕文化主体是其突出的特征。从大量出土文物判断，河姆渡文化已具有比较繁荣

---

① 浙江省文物管理委员会、浙江省博物馆：《河姆渡遗址第一期发掘报告》，《考古学报》1978 年第 1 期。

的原始物质文化、精神文化和制度文化。河姆渡出土的一孔埙是我国目前所见埙的最早实物。

## 二、陕西西安半坡仰韶文化遗址陶埙

1953 年，考古学家在陕西西安发现了六千多年前仰韶文化类型的遗址，这是一处母系氏族公社聚落。遗址已发掘的有四十六处房屋遗迹，房屋的平面呈圆形、正方形、长方形等几种形制。据专家估计，各种墓葬有二百余座，说明半坡氏族公社已是一个相当大的聚落。

遗址出土两枚距今六千七百多年的陶埙，一枚无音孔，一枚有一个音孔。两枚陶埙"全用细泥捏作而成，表面光滑但不平整，灰黑色"，其中一枚"形如橄榄，两端尖细，表面光滑，但不平整，顶端有一个吹孔，底端有一按孔。通高5.8厘米，腰径2.8厘米，孔径0.5厘米"，另一枚"只一端有孔，吹起来吱吱有声"。[①]

西安半坡遗址陶埙[②]

半坡埙的闭孔音和开孔音呈标准的平均律小三度，它印证了

---

① 中国科学院考古研究所等：《西安半坡》，文物出版社，1963，第 190 页。
② 孙伟刚、梁勉：《大音希声——陕西古代音乐文物》，陕西人民出版社，2016，第 12 页。

黄翔鹏先生的论点"先民重视小三度的事实",也符合童忠良提到的"初始小三度"。其音位为"羽—宫""角—徵"或其他结构,音分差为300(音分)。[1]

西安半坡一音孔埙测音数据

单位:音分

| 指法 | ● | ○ |
|------|------|------|
| 音高 | $g^3$-40 | $^{#}a^3$-40 |

说明:表中"●"和"○"分别代表按孔音和开孔音,以下各表亦相同。

西安半坡遗址是新石器时代的遗存,反映了繁荣的母系氏族社会的人类文明。六千多年前的埙在西安出土,对于探索中华音乐文明的历史而言,犹如黑暗的天空中出现的一缕曙光,这说明半坡时期的先民已经有了一定的音乐思维能力。尽管此时陶埙的音阶还不完全,吹奏的目的也许只是为了捕获更多的猎物,但是,这样一种原始文化现象,或许正是中国音乐文明历史开端的标志。

西安半坡博物馆

---

[1] 孙伟刚、梁勉:《大音希声——陕西古代音乐文物》,陕西人民出版社,2016,第12页。

### 三、陕西临潼姜寨 358 号墓陶埙

陕西关中地区，除了半坡出土的陶埙外，临潼姜寨出土的新石器时代陶埙也是重要的埙出土实物。姜寨遗址位于西安市临潼区北约一千米的临河东岸的第二台地上，是 1972 年农民在农田基本建设时发现的。"在我国新石器时代考古中，姜寨遗址的发掘是规模最大的、揭露出来的第一期村落遗迹，是现知史前村落中保存最好和最完整的一个；其他各期的遗存也很重要，而且它们之间的地层关系为确立关中地区新石器时代文化发展的相对年代序列提供了明确的证据。"[①]

1972 年至 1979 年在临潼姜寨遗址发掘的陶埙，现珍藏于西安半坡博物馆。姜寨大陶埙和小陶埙，均出土于二期文化层中的 358 号墓。其中标本 M358：17 通高 7 厘米，腹径 3.5 厘米，吹孔径 0.5~1.35 厘米，暗红色，上端有一个吹孔，无音孔；标本 M358：16 通高 5.5 厘米，腹径 2.9~3.5 厘米、吹孔径 0.6~1.2 厘米，暗红色，上端有一个吹孔，无音孔。两枚埙基本完整，形似橄榄，细泥红陶，中空。同时出土的还有一枚卵形陶响器，其长度为 5.75 厘米，高 3.05 厘米，非常别致。[②]像这样在同一遗址同时出土的古代不同乐器实物，当属罕见。从另外一墓还出土了一枚二音孔陶埙，形似蜜桃，陶质坚硬，颜色褐红，

---

① 巩启明：《姜寨遗址考古发掘的主要收获及其意义》，《人文杂志》1981 年第 4 期。

② 半坡博物馆等：《姜寨——新石器时代遗址发掘报告》，文物出版社，1988。

通体饰有陶拍打出的细绳纹。

1987年9月，中国文化部艺术研究院音乐研究所吴钊先生曾对姜寨陶埙的发音性能和音高进行测定。两枚陶埙经贴颏吹奏，每枚仅可发一音。测音结果是，M358：16为$d^3$–11音分，M358：17为$^{\#}d^3$+8音分。[①]结果显示，姜寨出土的两枚无音孔大小陶埙，均可比较容易地吹出两个以上不同频率的音；而仅有的一枚二音孔陶埙，除用全闭、开右孔、开左孔及全开四种按法吹出四个不同频率的音外，还可用全闭变换角度吹出其他两个不同频率的音。

临潼姜寨埙ZHT15⑤：24，可发三个音，由低至高排列为：$a^2$、$b^2$、$d^2$。其音阶可做如下推测：

D宫：徵、羽、宫。

B宫：商、角、徵。

由此可见，古代生活在关中平原的人们，对音乐的创造可谓独具匠心。

临潼姜寨358号墓陶埙[②]

---

① 半坡博物馆等：《姜寨——新石器时代遗物发掘报告》，文物出版社，1988。

② 孙伟刚、梁勉：《大音希声——陕西古代音乐文物》，陕西人民出版社，2016，第13页。

临潼姜寨遗址三孔陶埙[1]

## 四、其他重要遗址出土的陶埙

### 1. 陕西铜川李家沟陶埙

1976 年到 1977 年，在陕西铜川李家沟新石器时代仰韶文化遗址发掘出土了一枚彩绘陶埙。该埙系泥质红陶，形如橄榄，中空，上下各有一小圆孔，腹大呈弧状；器壁较厚；器身上部绘有折条状黑彩；通高 7.7 厘米，最大径 11 厘米。[2]

铜川李家沟遗址陶埙[3]

---

① 孙伟刚、梁勉：《大音希声——陕西古代音乐文物》，陕西人民出版社，2016，第 13 页。

② 西安半坡博物馆：《铜川李家沟新石器时代遗址发掘报告》，《考古与文物》1984 年第 1 期。

③ 孙伟刚、梁勉：《大音希声——陕西古代音乐文物》，陕西人民出版社，2016，第 13 页。

### 2. 陕西淳化夕阳村黑豆嘴陶埙

1982年，在陕西省淳化县夕阳村黑豆嘴新石器时代遗址出土了一枚黑豆嘴陶埙，属仰韶文化遗物。该埙系细泥红陶，捏制，边棱有黏合和修刮痕；器形如杏核，扁腹，腹部有并列按孔两个；通高3.2厘米，腹径3厘米，吹孔径0.5厘米，左按孔径0.3厘米，右按孔径0.4厘米。此埙经贴颏吹奏，测音结果：全闭孔为$g^3$，单开左、右孔音为$c^4$，全开孔音为$d^4$。

陕西淳化夕阳村黑豆嘴陶埙

淳化黑豆嘴陶埙测音数据

单位：音分

| 指法 | ●● | ●○ | ○● | ○○ |
|---|---|---|---|---|
| 音高 | $g^3$ | $c^4$ | $c^4$ | $d^4$ |

### 3. 陕西高陵杨官寨遗址陶埙

2008年，在陕西省高陵县杨官寨遗址发现一枚陶埙。据推测，杨官寨遗址应是庙底沟文化时期一处中心聚落。这枚陶埙系泥质灰陶，呈两个圆锥对接状，最大腹径附近有一大两小三个孔，素面磨光；腹径 6 厘米，高 5 厘米，大孔径 0.8 厘米，小孔径 0.5 厘米。[1]

高陵杨官寨遗址陶埙

### 4. 河南南召县老坟坡陶埙

1956 年，在河南省南召县老坟坡遗址出土陶埙一枚。该埙顶有吹孔，孔径 2.2 厘米；埙体高 7.2 厘米，上径 2.2 厘米，底径 4.4 厘米；埙体素面无纹，呈鸡卵形，以手捏制而成；一侧下部有音孔两个，孔径 0.2 厘米。该遗址属于新石器时代仰韶文化遗址，该埙现藏于南召县文化馆。

南召老坟坡陶埙[2]

---

[1] 陕西省考古研究院：《陕西省高陵县杨官寨新石器时代遗址》，《考古》2009 年第 7 期。

[2] 赵世纲主编：《中国音乐文物大系·河南卷》，大象出版社，1996，第 19 页。

### 5. 河南郑州大河村陶埙

1972年，在河南郑州市大河村遗址第40号灰坑内出土陶埙一枚。大河村遗址为一处典型的仰韶时期文化遗址，曾经过多次发掘，被称为仰韶文化大河村类型。第40号灰坑出于第4层中，属于仰韶文化晚期。出土埙系泥质灰陶，高约11厘米，直径约7厘米；埙体呈椭圆形，素面，底部稍平；顶部有吹孔，孔径0.9厘米；肩部有两个音孔，孔径0.5厘米。[①]

### 6. 河南尉氏桐刘陶埙

桐刘陶埙于20世纪80年代出土于河南尉氏县桐刘遗址。

桐刘遗址位于尉氏县西南二十五千米的大马乡南，为一处大型龙山文化遗址。陶埙出土于该文化层中，当同属于龙山文化时期。该埙腔体扁平，中空，通高6厘米；上部较平，底呈圆弧形，横断面呈椭圆形；上端正中有吹孔，孔径0.6厘米；吹孔两侧肩部各有一个音孔，孔径0.4~0.45厘米；吹孔和音孔均微向上凸起，埙体两侧向下稍向内收煞，前后两面则向外鼓，形成圆袋状腹部。经吹奏，可发出四个乐音。测音结果见下表：

尉氏桐刘二音孔陶埙测音数据

单位：音分

| 指法 | 全闭 | 开1孔 | 开2孔 | 全开 |
|---|---|---|---|---|
| 音高 | $^\sharp a^2-13$ | $^\sharp a^2+10$ | $a^2-47$ | $^\sharp c^3+49$ |

---

① 郑州市博物馆：《郑州大河村发掘报告》，《考古学报》1979年第3期。

尉氏桐刘陶埙正面和侧面①

### 7. 河南郑州旮旯王遗址陶埙

1958 年，在河南省郑州市旧城西南的旮旯王遗址第 50 号探沟内出土陶埙一枚。埙体高 5.3 厘米，长 6.5 厘米。该遗址包括龙山和商代两种文化遗存。该埙现藏于河南省博物馆。

郑州旮旯王遗址陶埙②

### 8. 山西万荣荆村陶埙

1931 年，在山西省万荣县荆村出土了三枚新石器时代的陶埙，现藏于运城河东博物馆。③ 其中一枚扁圆形陶埙素面，除顶部吹孔

---

① 赵世纲主编：《中国音乐文物大系·河南卷》，大象出版社，1996，第 18 页。
② 同上书，第 19 页。
③ 李纯一：《中国古代音乐史稿》第 1 分册，人民音乐出版社，1964 年增订版。

外，在靠近腹部的旁侧本有两个音孔，其中一孔未透，所以仅一个音孔可发音。荆村埙吹出的音，构成一个纯五度和小七度音程。荆村埙能吹出相当于后来 G 调五声音阶中的 la、mi、sol（羽、角、徵）或 D 调的 ri、la、do（商、羽、宫）三个音。其测音数据如下：

荆村素面陶埙测音数据

单位：音分

| 指法 | ● | ○ |
| --- | --- | --- |
| 音高 | $d^3+44$ | $e^3+25$ |

万荣荆村直管形陶埙　　万荣荆村椭圆形陶埙　　万荣荆村扁圆形陶埙[1]

### 9. 山西垣曲丰村陶埙

1982 年，在山西省垣曲县丰村遗址出土了陶埙一枚，属庙底沟二期文化。此埙为空腹长圆形，底端大而平，顶端一吹孔，直径 2.9 厘米，高 3.5 厘米；现藏于中国社科院考古所山西工作队。

### 10. 山西垣曲古城陶埙

1984 年，在山西省垣曲县古城东关遗址发掘出土陶埙一枚，命名为垣曲古城陶埙。同出土器物有陶鼎、陶罐、陶刀、陶环、陶杯、

① 薛首中主编：《山西音乐史》，山西教育出版社，2017，第 42 页。

陶纺轮、石刀、石簇、骨针等。此埙为一音孔，系夹砂灰陶，体呈倒梨形，圆形小平底，顶部正中有一吹孔，旁侧有一音孔；现藏于中国历史博物馆垣曲考古队。

 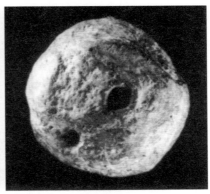

垣曲古城陶埙主视图和俯视图[①]

### 11. 山西侯马乔村陶埙

1989 年，在山西省侯马乔村遗址出土陶埙一件，属东下冯类型晚期，现藏于山西省考古研究院侯马工作站。此埙发现时仅存一半，另一半已从正中部脱落，由此可知其制法，为手制两半部分后捏合而成，再由外向内穿孔。

### 12. 山西太原义井村陶埙

1956 年，在山西省太原市义井村出土二音孔陶埙一件。此埙音孔在两侧，吹孔较大；高 5.1 厘米，底径为 2.4 厘米，腹径为 4.4~4.6 厘米，吹孔直径 0.8 厘米，音孔直径 0.4 厘米。闭孔 $e^2$−45 音分，

---

① 项阳、陶正刚主编：《中国音乐文物大系·山西卷》，大象出版社，2000，第 115 页。

开一音孔 #f²+43 音分，开二音孔 a²-43 音分。义井埙能吹出相当于 G 调五声音阶中的 C 调的 mi、sol、la（角、徵、羽）或 la、do、ri（羽、宫、商）三个音。义井埙吹出的音，构成一个小三度和纯四度音程，是目前已知的最古老的三声音阶，由此可知当时人们尚无绝对音高概念。该埙现藏于山西省博物馆。其测音数据如下：

义井村二音孔埙测音数据

单位：音分

| 指法 | ●● | ●○ | ○● |
|------|------|------|------|
| 音高 | e²-45 | #f²+43[g²-57] | a²-43 |

太原义井村陶埙①

### 13. 甘肃泾川店庄陶埙

甘肃省泾川县博物馆收藏有一件出土于泾川县店庄的陶埙，该埙是齐家文化时期遗物。该埙系泥质陶，灰褐色；头大，张口呈动物状，内空，平底；底部正中有一吹孔，背部偏下方有一音孔；器表光洁，素面无饰。

---

① 薛首中主编：《山西音乐史》，山西教育出版社，2017，第 42 页。

泾川店庄陶埙[1]

### 14. 山东潍坊姚官庄陶埙

1960年，山东省潍坊市南郊姚官庄一处龙山文化遗址中发现陶埙一枚。发现时陶埙深深埋在一个灰坑里，随之出土的还有其他龙山文化生活器皿。陶埙距今约四千年，是山东迄今为止所发现的最早的音乐遗物。

姚官庄陶埙系手工用泥捏制，经高温焙烧后成形，表面灰褐色，质地坚硬；全高3.1厘米，腹径2.6厘米；顶有一吹孔，肩部另有一音孔，直吹可发两个固定音高的乐音，音程为小三度。

山东潍坊姚官庄陶埙

---

① 郑汝中、董玉祥等：《中国音乐文物大系·甘肃卷》，大象出版社，1998，第36页。

### 15. 湖北麻城栗山岗陶埙

1986年，在湖北省麻城市栗山岗新石器时代遗址内发掘陶埙一枚，属龙山文化时期遗址遗物。陶埙保存完好，外形似鸡蛋，通高6.1厘米，腹径3.6厘米；一端为吹孔，呈圆形，径为0.9~1厘米；腹部有一个音孔，较吹孔小，圆形，径为0.5厘米；现藏于麻城市博物馆。

麻城栗山岗陶埙①

### 16. 江苏邳县大墩子陶埙

1966年，在江苏邳县（今邳州市）四户镇大墩子遗址出土陶埙两枚。其中完整的一件，系泥质红陶，呈兽形，中空，一端作兽头，一端作兽尾，头尾各有一孔，可发二音，通高12.6厘米，距今五千年左右。该遗址属大汶口文化刘林期遗存。埙现藏于南京博物院。

---

① 王子初主编：《中国音乐文物大系·湖北卷》，大象出版社，1999，第150页。

江苏邳县大墩子陶埙①

### 17. 江苏南京安怀村陶埙

　　1956年，在江苏省南京市安怀村遗址出土新石器时代陶埙一枚，陶质梨形，形制简单，平底尖头，高6厘米，腹径7厘米，素面，顶端和一侧各有一孔，可以吹出一个相当准确的小三度音程；现藏于南京博物院。②

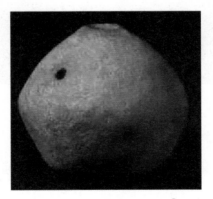

江苏南京安怀村遗址陶埙③

――――――――――

　　① 王子初主编：《中国音乐文物大系·江苏卷》，大象出版社，1996，第165页。

　　② 罗宗真：《南京安怀村古遗址发掘简报》，《考古通讯》1957年第5期。

　　③ 王子初主编：《中国音乐文物大系·江苏卷》，大象出版社，1996，第166页。

## 18. 安徽望江汪洋庙陶埙

1978 年，在安徽省望江县发现汪洋庙遗址，属于薛家岗新石器时代遗址。该遗址出土陶埙一枚，夹砂褐陶，枣核形，顶部和两侧共有三孔，顶孔和两侧孔相通；长 6.2 厘米。[①]

## 19. 四川巫山石埙

1988 年，在四川省巫山县出土新石器时代的石埙一枚。石质，打磨制成，保存完好；通高 6.63 厘米，上下对穿一孔，孔壁磨制，平滑细腻，孔口沿略平，无磨损痕迹。闭下孔吹奏，音高为 $d^3$–5 音分，音色悠扬、清脆，音高明确、清晰。

巫山石埙[②]

## 20. 甘肃玉门火烧沟陶埙

1976 年，甘肃省文物考古研究所在玉门市清泉乡火烧沟遗址发掘墓葬 312 座，出土陶埙二十余枚，其中九枚完整，可供测音，其

---

① 安徽省文物考古研究所：《望江汪洋庙新石器时代遗址》，《考古学报》1986 年第 4 期。

② 严福昌、肖宗弟主编：《中国音乐文物大系·四川卷》，大象出版社，1996，第 108 页。

余残破。"这批陶埙大小各异，高五六厘米至八九厘米，宽五六厘米不等。主体呈扁圆形。上端收缩为口，稍稍突出，正中有一个直径五六毫米大小的吹孔。两侧上方及正面腰下稍偏各有一个略小一些的孔，这便是三个音孔。下端多呈两角对称的鱼尾状，平底。有的似呈对吻二鸟首状造型装饰，中间镂空，两角边或中间多有两个或一个小眼，前后相通，它的作用可能是为了便于携带而穿绳索用的，与乐器本身的发音无关。这批埙通体呈淡红色。有的还有彩陶纹饰，黑红相间，十分绚丽，质地光洁坚实，形制小巧精美，堪称我国远古文化宝库中的艺术珍品。更重要的是，这批埙是作为原始艺术中体现音乐艺术的乐器而出现。这批埙的出现，为我们研究这一时期的音乐艺术以及我国音阶发展史、乐器发展史等方面的问题提供了珍贵的资料。"①甘肃玉门火烧沟陶埙，是音乐史学家向来特别关注的研究史前音阶的物证。陶埙出土于墓葬内，大多置于死者腰际或胸部，不同年龄和不同性别者均有置放，其中尤以在儿童墓葬内置放得最多。经碳十四测定及树轮校正，该遗址的年代最晚为公元前一千六百多年，距今约三千六百年，属青铜文化时期，大致与夏代相当。

---

① 尹德生：《原始社会末期的旋律乐器——甘肃玉门火烧沟陶埙初探》，《西北师范学院学报》1984 年第 3 期。

玉门火烧沟陶埙（完整九件）①

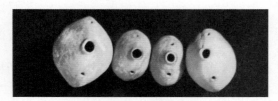

玉门火烧沟陶埙俯视图②

玉门火烧沟陶埙③

① 郑汝中、董玉祥等：《中国音乐文物大系·甘肃卷》，大象出版社，1998，第 37 页。

② 同上书，第 38 页。

③ 同上书，第 39 页。

火烧沟遗址出土的陶埙两肩各有一个按音孔，鱼腹下部一按音孔。经测试，通过开闭音孔，这批陶埙可组成六种不同的指法，发出四五个乐音，构成"宫、角、徵、羽"和"羽、宫、商、角"音列，或构成"宫、角、变徵、清徵""羽、宫、商角""徵、宫、商、角"和"角、羽、变宫、商"等几种音列，具备了旋律乐器的功能。有些埙甚至还能吹奏现代的乐曲。

牛龙菲根据火烧沟陶埙测音结果指出，中国的乐律之史并非自五度相生律始。律之始造，以埙为器。火烧沟五枚陶埙的测音报告表明，这批陶埙已经形成我们今天仍在应用的五声音阶。


考古发现表明，陶埙在历史上出现的时间很早，从新石器时代一直沿用到今天。专家们对各地出土的陶埙做了大量的研究，结合有关测音数据来推测古人音阶发展的水平，但由于埙这种吹奏乐器在音高上的不稳定性，对其测音结果及其研究还应持慎重态度。

从出土陶埙的分布空间和历史分期来看，"黄河中游陕西地区出土陶埙均属仰韶文化，共计九枚，分别出自西安半坡、临潼姜寨、铜川李家沟、淳化县夕阳村、高陵杨官寨及商县紫荆新石器时代遗址。

"山西地区出土陶埙十一枚，目前已确定的文化类型有仰韶庙底沟、陶寺文化及东下冯类型，分别出自垣曲、陶寺、侯马乔村新石器时代遗址。另外，太原义井、垣曲口头村、万荣荆村也有新石器时代陶埙出土。

"河南出土新石器时代陶埙共八枚，分属于仰韶文化、龙山文化、二里头文化时期。仰韶文化陶埙出土于南召老坟坡、郑州大河村及渑池新石器时代遗址，龙山文化陶埙出土于尉氏桐刘、郑州旮旯王遗址，二里头文化陶埙出自偃师二里头遗址。

"黄河下游山东潍坊姚官庄出土一枚龙山文化陶埙，灰泥陶质，整体似梨形。

"长江中下游湖北、安徽、江苏、浙江几省出土的新石器时代陶埙，以浙江余姚河姆渡文化陶埙为代表。此外，江苏邳县大墩子陶埙、安徽望江汪洋庙薛家岗文化陶埙、湖北麻城栗山岗龙山文化陶埙、浙江杭州良渚文化陶埙是目前时代较确定的。

"黄河、长江流域以外，北方内蒙古、南方广东等地也有新石器时代陶埙零星出土。"①

音乐史学家把埙作为研究早期音乐的主要参考物，考察新石器时代的音阶观念。如西安半坡遗址出土的陶埙，可以吹出小三度音程，就是说，能吹出五声音阶中的羽（6）、宫（1）两个音。类似的陶埙在临潼姜寨新石器时代遗址也有发现。

除此之外，淳化县夕阳村黑豆嘴新石器时代遗址出土的陶埙、商洛市商州区出土的陶埙，以及西安市半坡遗址出土的陶哨等，都表明居住在陕西的先民早在原始社会已经懂得制造和使用吹奏乐器，并为我们透露出多方面的信息：远古时期，中国先民已较普遍

---

① 申莹莹：《中国新石器时代出土乐器研究》，博士学位论文，中央音乐学院，2012。

地有了相对音高的概念；中国古代的五声音阶似乎已开始形成，成为中国古代音乐史上一个重要事件；音乐听觉上的尺度感和听觉思维模式已初步形成，同时也反映了当时人的审美听觉思维与情趣。

总的来说，这时期的音乐是比较简单的，歌、舞、乐三者融为一体，节奏是主要元素，音高、音色也得到一定的重视。在乐舞和祭祀活动中，氏族成员把自己装扮成本氏族图腾或者自然界某种生物，伴随着歌声、乐声翩翩起舞。他们为庆祝丰收、欢庆胜利而歌，为祭祀祖先、祈祷神灵而舞，为歌颂领袖、崇拜图腾而乐。中华民族伟大的音乐文化由此开始绵延流长。

现将新石器时代出土的埙列表如下：

中国新石器时代出土埙登记表（共计 60 余枚）[1]

| 土类埙 | | | | | |
|---|---|---|---|---|---|
| 省份（自治区） | 出土地点 | 数量 | 考古学文化类型 | 文献要目 | 备注 |
| 甘肃 | 泾川店庄 | 1 | 齐家文化 | 《中国音乐文物大系》（以下简称《大系》）（甘肃卷） | |
| | 酒泉干骨崖 | 1 | 四坝文化，约当夏 | 《大系》（甘肃卷） | |
| | 火烧沟 | 20余 | 约当夏 | 《大系》（甘肃卷） | 多残，9件完整可测音 |

---

① 申莹莹：《中国新石器时代出土乐器研究》，博士学位论文，中央音乐学院，2012。

续表

| 土类埙 | | | | | |
|---|---|---|---|---|---|
| 省份（自治区） | 出土地点 | 数量 | 考古学文化类型 | 文献要目 | 备注 |
| 陕西 | 临潼姜寨 | 3 | 仰韶文化 | 《大系》（陕西卷）；半坡博物馆等：《姜寨——新石器时代遗址发掘报告》，文物出版社，1988 年 | 其中 2 枚出于同一墓，另 1 枚单出 |
| | 淳化黑豆嘴 | 1 | 仰韶文化 | 《大系》（陕西卷） | |
| | 西安半坡 | 2 | 半坡类型 | 《大系》（陕西卷）；中国科学院考古研究所等：《西安半坡》，文物出版社，1963 年版；黄翔鹏：《新石器和青铜时代的已知音响资料与我国音阶发展史问题》（上），《乐论丛》第一辑，人民音乐出版社，1978 年 | |
| | 商县紫荆 | 1 | 半坡类型 | 商县图书馆等：《陕西商县紫荆遗址发掘简报》，《考古与文物》1981 年第 3 期；李纯一：《中国上古出土乐器综论》，文物出版社，1996 年 | |
| 山西 | 垣曲古城 | 1 | 庙底沟二期文化早期 | 《大系》（山西卷） | |

续表

| 土类埙 | | | | | |
|---|---|---|---|---|---|
| 省份<br>（自治区.） | 出土地点 | 数量 | 考古学<br>文化类型 | 文献要目 | 备注 |
| 山西 | 垣曲丰村 | 1 | 庙底沟<br>二期 | 《大系》（山西卷）；中国社会科学院考古研究所山西工作队：《山西垣曲丰村新石器时代遗址的发掘》，《考古学集刊》第5集，中国社会科学出版社，1987年 | |
| | 襄汾陶寺 | 1 | 陶寺文化或庙底沟二期 | 《大系》（山西卷） | |
| | 侯马乔村 | 1 | 东下冯类型晚期 | 《大系》（山西卷） | |
| | 万荣荆村 | 4 | 不明 | 《大系》（山西卷） | 其一为灰陶质 |
| | 太原义井 | 1 | 不明 | 《大系》（山西卷） | |
| | 垣曲<br>口头村 | 1 | 不明 | 《大系》（山西卷） | |
| 河南 | 南召<br>老坟坡 | 1 | 仰韶文化 | 《大系》（河南卷） | |
| | 渑池<br>西河庵村 | 1 | 庙底沟类 | 河南省文化局文物工作队：《河南渑池西河庵村新石器时代遗址发掘简报》，《考古》1965年第10期；李纯一：《中国上古出土乐器综论》，文物出版社，1996年 | |

续表

| 土类埙 | | | | | |
|---|---|---|---|---|---|
| 省份<br>（自治区） | 出土地点 | 数量 | 考古学<br>文化类型 | 文献要目 | 备注 |
| 河南 | 郑州<br>大河村 | 1 | 仰韶文化 | 《大系》（河南卷）；郑州市博物馆：《郑州大河村遗址发掘报告》，《考古学报》1979年第3期 | |
| | 渑池仰韶遗址 | 1 | 庙底沟类 | 李纯一：《中国上古出土乐器综论》，文物出版社，1996年 | |
| | 尉氏桐刘 | 1 | 龙山文化 | 《大系》（河南卷） | |
| | 郑州旮旯王 | 1 | 龙山文化 | 《大系》（河南卷） | |
| | 偃师<br>二里头 | 2 | 二里头<br>文化 | 《大系》（河南卷）；中国科学院考古研究所洛阳发掘队：《河南偃师二里头遗址发掘简报》，《考古》1965年第5期；吴钊《追寻逝去的音乐踪迹——图说中国乐史》，东方出版社，1999年 | |
| 山东 | 潍坊<br>姚官庄 | 1 | 龙山文化 | 《大系》（山东卷）；山东省文物考古研究所等：《山东姚官庄遗址发掘报告》，《文物资料丛刊》第5期 | |
| | 烟台<br>邱家庄 | 1 | 不明 | 《大系》（山东卷） | 已碎裂 |

续表

| 土类埙 | | | | | |
|---|---|---|---|---|---|
| 省份（自治区） | 出土地点 | 数量 | 考古学文化类型 | 文献要目 | 备注 |
| 内蒙古 | 包头西园 | 1 | 阿善文化二、三期 | 《大系》（内蒙古卷）；西园遗址发掘组：《内蒙古包头市西园新石器时代遗址发掘简报》，《考古》1990 年第 4 期；方建军：《中国出土古代乐器分域简目（1949—1991）》（续），《乐器》1993 年第 2 期 | |
| 湖北 | 麻城栗山岗 | 2 | 龙山文化 | 《大系》（湖北卷）；武汉大学历史系考古研究室等：《湖北麻城栗山岗新石器时代遗址》，《考古学报》1990 年第 4 期 | |
| 安徽 | 望江汪洋庙 | 1 | 薛家岗文化三期 | 安徽省文物考古研究所：《望江汪洋庙新石器时代遗址》，《考古学报》1986 年第 1 期；李纯一：《中国上古出土乐器综论》，文物出版社，1996 年 | |
| 江苏 | 邳县大墩子 | 1 | 青莲岗、刘林期 | 《大系》（江苏卷）；南京博物院：《江苏邳县大墩子遗址第二次发掘》，《考古学集刊》第 1 期 | |

续表

| 土类埙 | | | | | |
|---|---|---|---|---|---|
| 省份（自治区） | 出土地点 | 数量 | 考古学文化类型 | 文献要目 | 备注 |
| 江苏 | 南京安怀村 | 1 | 不明 | 《大系》（江苏卷）；尹焕章：《南京博物院十年来的考古工作》，《文物》1959年第4期 | |
| 浙江 | 余姚河姆渡 | 2 | 河姆渡文化早、晚期 | 浙江省文物管理委员会等：《河姆渡遗址第一期发掘报告》，《考古学报》1978年第1期；方建军：《中国出土古代乐器分域简目（1949—1991）》（续），《乐器》1993年第4期；李纯一：《中国上古出土乐器综论》，文物出版社，1996年 | |
| | 杭州老和山 | 1 | 良渚文化早期 | 蒋赞初：《杭州老和山遗址1953年第一次的发掘》，《考古学报》1958年第2期；李纯一《中国上古出土乐器综论》，文物出版社，1996年 | |
| 广东 | 梅州梅县 | 1 | | 《大系》（广东卷） | |
| 石类埙 | | | | | |
| 省份（自治区） | 出土地点 | 数量 | 考古学文化类型 | 文献要目 | 备注 |
| 四川 | 巫山 | 1 | 不明 | 《大系》（四川卷）；幸晓峰：《巫山出土陶响器、石埙、石磬考略》，《四川文物》2002年第5期 | |

据表可知，"新石器时代埙类乐器计有 60 余枚，多单枚出土。总量虽不大，但时间跨度较长，分布区域较广：黄河上游甘肃，中游陕西、山西、河南，下游山东；长江上游四川，中游湖北，下游安徽、江苏、浙江，此外内蒙古、广东等省区均有出土。考古时间涵盖了新石器时代早、中、晚各个时期。其中，除四川巫山出土一枚石埙外，余者皆为陶土所烧制"[①]。

新石器时代的埙在不同区域大量出土，涉及黄河流域和长江流域等的广阔疆域，时间跨度也很大，前后相差有四五千年。无论从历史传说还是考古发现来看，新石器时代，埙都已出现在先民生活中。

## 第二节　夏商周时期的埙

### 一、夏商时期

#### （一）出土的夏代埙

关于夏文化，我们仍在探索中。夏的音乐，可证的出土文物并不多。可以推测夏代的乐器主要有石磬、陶埙、陶铃等，制作工艺简单、粗糙，种类较少。

1986 年 5 月，在甘肃酒泉丰乐乡干骨崖遗址出土陶埙一枚，形似鸟，可见两音孔，属四坝文化时期遗物，时代为青铜文化时期，现藏于甘肃省文物考古研究所。

---

① 申莹莹：《中国新石器时代出土乐器研究》，博士学位论文，中央音乐学院，2012 年。

酒泉干骨崖陶埙①

牛龙菲在其《古乐发隐·夏埙纯律》中指出，中国最早的律制并不是三分损益律（即五度相生律），而是纯律，依据便是甘肃玉门火烧沟五枚陶埙的测音报告。

针对牛龙菲的"夏埙纯律"，陈正生提出不同的观点，他认为，"从测频的结果来看，火烧沟发掘的二十几枚陶埙中，有五枚确实能发出两个连续的大三度"，但"牛龙菲根据夏埙上测频所得的两个大三度，既未交代它们的生律法，又未论及这两个大三度在调和调式中的地位，加上所谓'埙律'迄今仍无法可循，以及纯律生律法较三分损益律复杂的事实，可以得出结论，牛龙菲所谓'夏埙纯律'及其'纯律为中国律之始肇'的论点是不能成立的。"②

## （二）出土的商代埙

商代埙出土较多。河南偃师二里头和郑州铭功路、旮旯王村等

---

① 郑汝中、董玉祥等：《中国音乐文物大系·甘肃卷》，大象出版社，1998，第36页。

② 陈正生：《"夏埙纯律"质疑》，《中国音乐学》1986年第3期。

地都发现有商代早期的陶埙。郑州二里岗、张寨南街发现商代中期埙，但多残损，保存较完整的有二里岗出土的一枚。安阳殷墟妇好墓、辉县琉璃阁发现三枚，时代属殷墟二期，即商晚期的埙。

从出土的区域来看，"殷商时代，埙的发现主要集中分布于河南地区，按商代早、中、晚三期分别形成二里头、二里岗和殷墟三个中心地带。这当与商王朝的活动范围有关"①。晚商时期，埙除了在河南境内出现外，在山东及西北各地也出土了很多不同形态的埙。河南地区出土的埙不仅数量较多，而且还成组出现。如殷墟妇好墓、辉县琉璃阁1号殷墓和安阳刘家庄北121号墓中，均有成组的陶埙出土。

"晚商时期的埙基本采用泥质灰陶的工艺制作而成。当时的手工制作埙，在形态上基本呈现出椭圆形的特点，而且制作也相对简单，不仅在腹部仅有一圆形指孔，还在形制方面具有便捷性特征。晚商时期的埙已经不像早期那样，不像正规的传统乐器形制，此种埙已经告别了夏商时期的玩具形态和功用，朝着复杂化方面发展。晚商时期的埙不仅应被视为我国古代的正规乐器，还需要从传统的音列结构、音阶构成等方面对其进行比较性的研究，而且演奏中的发音和指法等也都具有一致性特点。"②

---

① 方建军：《先商和商代埙的类型与音列》，《中国音乐学》1988年第4期，第121页。

② 张莉：《晚商时期埙的主要类型与音乐特征分析》，《黄河之声》2018年第20期。

### 1. 商代早中期的埙

河南偃师二里头陶埙属于商代早中期的埙，1960 年出土于偃师二里头遗址。二里头遗址堆积可分早、中、晚三期，陶埙出自探方113 的第三层，属二里头文化中期遗物。自 1960 年以来，中国科学院考古研究所曾对该遗址进行过多次发掘，出土遗物丰富，并有大型宫殿建筑遗存。从出土遗物分析其年代，上限晚于龙山文化，下限早于郑州二里岗商代文化。埙泥质，灰色，轮制，中空。通高6.5 厘米，腹径 6.1 厘米，底径 2 厘米。形似橄榄，肩部有轮制的弦纹痕迹，底部有二次修整时的刀削痕。尖顶有吹口，口径 0.7 ~ 0.8厘米。腹部一侧有一音孔，孔径 0.4 厘米。音孔似在做坯时用直棒戳出，故音孔周沿隆起。经测音，可发出两个乐音：$c^2$–47、$^{\#}a^1$–40音分。[1]

偃师二里头遗址陶埙[2]

---

① 中国社会科学院考古研究所洛阳发掘队：《河南偃师二里头遗址发掘简报》，《考古》1965 年第 5 期。

② 赵世纲主编：《中国音乐文物大系·河南卷》，大象出版社，1996，第 19 页。

考古发现的属于郑州商代文化的陶埙共有四枚。1974 年在郑州纺织机械学校出土一枚约为商代早期的一音孔陶埙。1958 年，在郑州铭功路出土一枚约为商代早期的一音孔陶埙。郑州张寨南街出土的一枚陶埙，出土时陶埙碎片所放位置就在一铜方鼎内，时代属于二里岗上层时期。1955 年在郑州二里岗出土一枚二里岗上层时期的三音孔陶埙。

郑州铭功路陶埙[①]

## 2. 商代晚期的埙

1935 年，在河南安阳西北岗 1550 墓葬中出土白石埙一枚，属于殷墟一期。在 M1001 翻葬坑中出土五音孔埙两枚，分别是骨埙和白陶埙，均属于殷墟二期。

---

① 赵世纲主编：《中国音乐文物大系·河南卷》，大象出版社，1996，第 19 页。

安阳西北岗 M1001 骨埙正面和背面

1950 年至 1951 年，河南新乡辉县琉璃阁 150 号墓葬中出土三枚陶埙，时代属于殷墟文化二期，三枚陶埙一大两小，均为平底卵形，黑陶，五音孔。

辉县琉璃阁陶埙

1959 年，在安阳殷墟小屯村西地的 237 墓葬中出土一枚陶埙，时代属于殷墟后期，五音孔埙；同年在小屯村西地 263 墓葬中出土陶埙两枚，时代属于殷墟后期，五音孔埙；小屯村中出土骨埙一枚，时代属于殷墟一期。

1976 年，在安阳殷墟小屯村北的妇好墓内出土的陶埙共有三枚，时代属于殷墟二期，均属于五音孔埙。妇好墓陶埙，泥质灰陶，

器表磨光，埙体呈倒置陀螺形，五音孔，能吹出复杂的旋律，高5.2~9
厘米。

殷墟妇好墓陶埙正面和背面[①]

妇好墓墓坑

　　1988 年，在安阳殷墟南面的刘家庄北 121 号墓葬中出土四枚五
音孔陶埙，时代属于殷墟二期。

_____

　　① 赵世纲主编：《中国音乐文物大系·河南卷》，大象出版社，1996，
第 22 页。

安阳刘家庄北 121 号墓陶埙（四枚）[1]

1991 年，在安阳后岗遗址 12 号墓发现一枚五音孔陶埙，时代属于商代殷墟二期。该陶埙为黑陶，保存完好。高 7 厘米，腹径 4.8 厘米，底径 2.9 厘米。腰下部一面有三个音孔，呈倒品字形排列，左上音孔较小，余两音孔较大；另一面有音孔两个，呈"一"字形分布。通体素面磨光。经测音，全闭孔音 c[1]–30，开前右上孔音 #b[1]+25，开前右下孔音 b[1]+22，开后左孔音 #f[1]+40，开后右孔音 #a[1]–20 音分。

安阳后岗 12 号墓陶埙[2]

① 赵世纲主编：《中国音乐文物大系·河南卷》，大象出版社，1996，第 20 页。

② 同上书，第 21 页。

1979 年，在山东禹城邢寨汪遗址的商文化层中出土一枚二音孔陶埙，时代属于商代晚期。

禹城邢寨汪遗址陶埙[1]

**考古发掘商埙基本情况统计[2]**

| 对象 | 出土时间 | 出土地点 | 时代 | 件数 | 备注 |
|---|---|---|---|---|---|
| 偃师二里头遗址陶埙 | 1960 年 | 河南洛阳 | 早商时期 | 1 | 赵世纲：《中国音乐文物大系·河南卷》 |
| 郑州纺织机械学校陶埙 | 不详 | 河南郑州 | 早商时期 | 1 | 李纯一：《中国上古出土乐器综论》 |
| 郑州张寨南街陶埙 | 1974 年 | 河南郑州 | 二里岗上层 | 1 | 郑州新出土的商代前期大铜鼎 |
| 郑州铭功路陶埙 | 1958 年 | 河南郑州 | 早商时期 | 1 | 李纯一：《中国上古出土乐器综论》 |

① 周昌富、温增源主编：《中国音乐文物大系·山东卷》，大象出版社，2001，第 17 页。

② 张艳：《商代埙的音乐学研究》，硕士学位论文，河南师范大学，2018。

续表

| 对象 | 出土时间 | 出土地点 | 时代 | 件数 | 备注 |
|---|---|---|---|---|---|
| 郑州二里岗陶埙 | 1955 年 | 河南郑州 | 二里岗上层 | 1 | 李纯一：《中国上古出土乐器综论》 |
| 辉县琉璃阁陶埙 | 1950 年 | 河南辉县 | 殷墟二期 | 3 | 同上 |
| 安阳西北岗埙 | 1935 年 | 河南安阳 | 殷墟一期（M1550）殷墟二期（M1001） | 3 | 同上 |
| 殷墟妇好墓陶埙 | 1976 年 | 河南安阳 | 殷墟二期 | 3 | 赵世纲：《中国音乐文物大系·河南卷》 |
| 刘家庄北陶埙 | 1988 年 | 河南安阳 | 殷墟二期 | 4 | 同上 |
| 小屯村埙 | 1959 年 | 河南安阳 | 殷墟后期（M237、M263）殷墟一期（YM333） | 4 | 中国社会科学院考古研究所：《殷墟的发现与研究》 |
| 后岗陶埙 | 1991 年 | 河南安阳 | 殷墟二期 | 1 | 赵世纲：《中国音乐文物大系·河南卷》 |
| 禹城邢寨汪遗址陶埙 | 1979 年 | 山东 | 商代晚期 | 1 | 陈骏：《山东禹城县邢寨汪遗址的调查与试掘》 |

据表可知，目前考古出土的商代埙共有二十四件，商代早期较少，晚期较多。地域上主要分布在河南省内，河南省外仅在山东发现一件，这主要与商代的中心在今河南省有关。但目前考古发现的实物并不一定能代表整个商代埙的情况，随着考古的发掘，今后会有更多的商代埙出土。另有一些传世的商代埙，对埙的研究有同样重要的意义。

### （三）传世商代埙

河南省博物馆收藏有一枚五音孔陶埙，入藏时间不详，埙的外形呈椭圆形，音孔、形状类似于殷墟出土的埙，按音孔呈前三后二排列。学者们认为这枚埙的时代应属于商代。

五音孔陶埙正面和背面[①]

1958年，河南省新乡市博物馆入藏一件辉县陶埙，陶埙的底部贴有"辉县"字样的标签，应该是在辉县出土的。和上文的五音孔陶埙一样，辉县陶埙的形状和音孔都类似于殷墟出土的埙，因此时代应属于商。

---

① 赵世纲主编：《中国音乐文物大系·河南卷》，大象出版社，1996，第23页。

辉县陶埙[1]

1954 年，河南省文物工作队向河南省博物馆移交了一枚红陶刻花埙，出土地点不详。从陶埙的陶质、纹饰看，应为商代的遗物，为二音孔埙。

红陶刻花埙[2]

---

[1] 赵世纲主编：《中国音乐文物大系·河南卷》，大象出版社，1996，第 23 页。

[2] 同上书，第 24 页。

　　1959 年征集的由齐鲁大学加拿大传教士明义士收集的一枚五音孔灰陶埙，从造型、音孔以及规格上看，这枚陶埙的类型在殷墟比较多见，因此，考古学家认为它应属于商代时期的遗物。

灰陶埙[①]

　　除存世商埙的数量外，商埙的形制也是学界的重要关注点。方建军根据目前考古出土的材料，将新石器时代到夏商时代的埙共分为四种类型，即："A 型为圆腹型，圆腹型分为四式：Ⅰ 式略似橄榄形尖底，Ⅱ 式卵形圆底，Ⅲ 式球形圆底，Ⅳ 式略似半卵形小平底，吹孔端锐；B 型为折腹型，圆底；C 型为扁腹型，下有二式，即 Ⅰ 式有肩、圆底，Ⅱ 式有纽、圆底；D 型为直腹型。"[②] 方建军主要将

---

　　① 周昌富、温增源主编：《中国音乐文物大系·山东卷》，大象出版社，2001，第 17 页。
　　② 方建军：《先商和商代埙的类型与音列》，《中国音乐学》1988 年第 4 期，第 122 页。

商代埙划分为 A 型圆腹型，在此基础上再细划分为若干子式。

方建军提出了四种形制陶埙三期划分的理论，并认为到晚商时期，A 型四式逐渐稳定下来，平底便于放置，腹腔增大音色更为优美，开孔方式更为合理便于演奏。

商代早期的埙多为一音孔，中期逐渐发展为三音孔，到商代晚期基本定型为五音孔。商代晚期的埙不仅开始从夏的一两个音孔朝着三到五个音孔发展，而且对促进乐律、音阶文化的深入发展，具有划时代的意义。商代晚期埙的按音孔大多是前三后二的形制，正面三个按音孔在埙的腹部呈倒"品"字形排列，部分埙左上角的按音孔孔径小于剩下两个按音孔孔径，背面两个按音孔呈左右"一"字形排列，音孔孔径的大小也基本相同，埙的按音孔位置从商代早中期发展到晚期有整体往下移的趋势。商埙在形制上的发展也具有一定的规律性，商代早中期埙的形制还未定型，有 AI 型、BI 型、BII 型。发展到商代晚期，埙的形制基本定型，大部分都是圆腹、平底卵形，即 BI 型。

"根据现有资料来看，陶埙到了商代晚期已基本定型，且出现了石埙、骨埙。石埙、骨埙的出现使埙的质地和音色发生了根本性的变化，所以对埙来说这是一次根本性的变革，虽仍称之为埙，其实它已另具新义了。一种新乐器的诞生并不是偶然的、孤立的。只有在一定的物质条件和因袭基础上的独特的质地材料、独特的形制结构、独特的音色等，才有可能确立它自身的独立性。否则就成了无源之水、无本之木。因此，我们仅根据火烧沟陶埙独特的演奏功能和它在我国乐器发展史上的特殊地位，断定它对后来出现的某些乐器，特别是吹孔乐器的形成和发展一定有着非常直接的影响和推动作用。"[1]

## 二、西周时期的埙

新石器时代至殷商时期，音乐与宗教、巫术相结合，并且在图腾崇拜和宗教祭祀中起到重要作用。到了周代，巫师传统逐渐演变为礼乐文化，周代统治者注重礼乐文化的教导作用，乐官从巫官中独立而出，音乐得到进一步发展。

埙在周代礼乐中作为一件重要的吹奏乐器，与钟磬等金石乐器合奏，从一定程度上反映出周代礼乐的一些面貌和其中透露出来的音乐信息。

1964 年在河南洛阳机瓦厂的 341 号墓内出土了西周五音孔陶埙两枚，现存洛阳博物馆。

2017 年，方建军先生带学生对两枚陶埙进行了详细测音。他们邀请了洛阳地区吹埙的老艺人尚运朝先生，根据音孔的不同排列位置总结出了三十二种指法，并一一进行了吹奏。

此外，台湾历史语言研究所也收藏有西周埙一枚。

周灭商，中国的政治中心由河南转移到陕西，但陕西境内出土的西周埙并不多见，这或许是因为作为祭祀法器的埙已转变为雅乐的重要乐器的缘故。

---

[1] 尹德生：《原始社会末期的旋律乐器——甘肃玉门火烧沟陶埙初探》，《西北师范学院学报》1984 年第 3 期。

### 三、春秋战国时期的埙

相比西周，考古发现的春秋战国时期的陶埙数量较多，现列举如下：

太室埙、韶埙是两种带有铭文的陶埙，在中国历史文献中常有记述。目前可见的太室埙共八枚：山东博物馆藏有六枚，均为泥质灰陶，整体为长卵形，上端较尖，设有一细长的小孔，下端为小平底。器身横断面略呈椭圆形。正面有两行七字款"命司乐作太室埙"（另作"命司乐作太宰埙"，有争议）。音孔在腹中部，前三后二，为五音孔埙。故宫博物院和上海博物馆各藏有一枚。韶埙两枚，分别藏于故宫博物院和上海博物馆，均属于传世品。

太室埙①　　　　　　　　　　　太室埙铭文拓片②

太宰埙。太宰又名太师，为古代官名。据《周礼》记载："六

---

① 周昌富、温增源主编：《中国音乐文物大系·山东卷》，大象出版社，2001，第18页。

② 马承源主编：《中国音乐文物大系·上海卷》，大象出版社，1996，第124页。

宫中天宫之长，掌建邦之六典，以辅佐周王治理邦国。"通常执掌中央权力的是太宰，太宰本来是王室的宫廷事务总管，因亲近天子，所以从夏商以来太宰的地位一直处于上升的趋势中，在西周可以说达到了顶点。由此可以推断出太宰埙的两层含义：一、此埙为某位太宰的专用乐器。二、此埙有统领众乐器的意味。

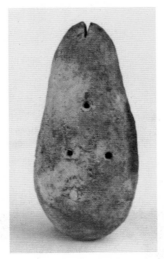

太宰埙

上海博物馆收藏有战国时期（尚难定论）的韶埙一枚。该埙胎质陶洗较细，呈灰色，通高 9.7 厘米、最大腹径 7.3 厘米。形似蛋，上尖下大，腹中空。顶端有一椭圆形吹孔，一面有呈等边三角形排列的三个圆形音孔，另一面有上下排列的两个圆形音孔。器身有铭文两行四个字"令乍韶埙"。

韶埙<sup>①</sup>

2017 年至 2018 年，陕西澄城县刘家洼的大型墓葬中发现了陶埙、两套青铜编钟及石编磬等，这是目前所知春秋早期墓葬出土乐悬制度中的最高级别，为我国古代乐器发展史和音乐考古研究提供了极其重要的资料。<sup>②</sup>

刘家洼春秋早期芮国国君及夫人墓出土的五孔埙

---

① 马承源主编：《中国音乐文物大系·上海卷》，大象出版社，1996，第 125 页。

② 陕西省考古研究院等：《陕西澄城县刘家洼东周芮国遗址》，《考古》2019 年第 7 期。

河南省新郑市境内的郑韩故城，是东周郑国、韩国都城所在地。1996年至1998年，河南省文物考古研究所对这处东周遗址进行了全面的发掘。该遗址中共发掘了二百零六件青铜编钟以及十枚陶埙，[①]其中发掘出土的陶埙是研究东周陶埙重要的考古实物。

郑韩故城共出土陶埙十枚。其中六枚分别是郑国祭祀遗址1号坎埙、5号坎埙、7号坎埙、8号坎埙、9号坎埙、16号坎埙，以上几枚陶埙都与相应编钟共出于乐器坎中，这些乐器坎属于考古发掘的十一座乐器坎中的一部分。其余四枚为新郑热电厂东周遗址陶埙、新郑热电厂590号墓陶埙、新郑土地局东周遗址陶埙、新郑金城路陶埙，分布于郑韩故城其他位置。

1号坎埙，时代属于春秋中期，黑陶，三音孔。

1号坎埙

5号坎埙，时代属于春秋中期，褐红色泥质陶，四音孔。

5号坎埙

---

① 马俊才、蔡全法：《河南新郑市郑韩故城郑国祭祀遗址发掘简报》，《考古》2000年第2期。

7号坎埙，时代属于春秋中期，黑陶，四音孔。

7号坎埙

8号坎埙，时代属于春秋中期略早，褐红色泥质陶，四音孔。

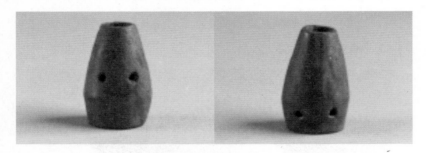

8号坎埙

9号坎埙，时代属于春秋中期略早，褐红色泥质陶，三音孔。

9号坎埙

16 号坎埙，时代属于春秋中期略早，黄褐色泥质陶，四音孔。

16 号坎埙

1996 年 5 月，在新郑市热电厂东周遗址内出土战国时期的陶埙一枚。此埙系泥质陶，黑色。高 4.8 厘米，腹径 4 厘米，底径 1 厘米，壁厚 0.2 厘米。体呈陀螺形，中空。上尖底平，器表磨光无纹饰。顶端有吹口，口径 0.8 厘米。腹上部有左右排列的音孔两个，孔径 0.36 厘米，孔距 2.1 厘米。在音孔的右下侧有清晰的指纹，可能是制作时留下的痕迹。埙吹口虽有微损，但并不影响吹奏，音韵深沉悦耳。现藏于河南省文物考古研究院新郑工作站。

新郑热电厂东周遗址陶埙[1]

① 赵世纲主编：《中国音乐文物大系·河南卷》，大象出版社，1996，第 25 页。

1996 年 3 月，在新郑市热电厂东周遗址第 590 号墓之上的文化层中出土陶埙一枚。590 号墓是一座春秋战国时代墓葬，陶埙出土于战国文化层的底部。

此埙系陶质。高 4.2 厘米，腹径 3.7 厘米，底径 1.5 厘米，壁厚0.2 厘米。体呈陀螺形，顶部有吹孔，口径 0.9 厘米。斜肩偏下侧有左右排列的音孔两个，左侧孔略小，右侧孔稍大。埙中部偏下凸起成腹，腹下斜向内收成小平底。通体素面无纹饰，仅隐约可见密密麻麻的指纹，可能为制作时手指的遗痕。

新郑热电厂东周遗址 590 号墓陶埙[①]

1995 年 3 月，在郑韩故城东部的新郑土地局东周遗址第二文化层内出土了黄褐色陶埙一枚，时代属于战国时期，二音孔。此埙为陶质，体呈橄榄形，口及底部有轻度磨损。顶部有吹口，折腹上部

---

① 赵世纲主编：《中国音乐文物大系·河南卷》，大象出版社，1996，第 24 页。

有左右排列的音孔两个。埙表面粗糙，有明显的刮削痕迹。

新郑土地局东周遗址二音孔陶埙正面和背面①

1993 年 8 月，在新郑金城路东周遗址出土陶埙一枚，属于战国时期。灰陶，褐色，体呈橄榄形，口及底部有轻度磨损。顶部有吹口，折腹上部有音孔两个。埙表面素净，上半部见有轻微指纹印痕。

新郑金城路东周遗址陶埙正面和背面②

---

① 赵世纲主编：《中国音乐文物大系·河南卷》，大象出版社，1996，第 25 页。

② 同上书，第 26 页。

1990 年 6 月，在山东章丘女郎山战国大墓出土了两枚陶埙，一套七件青铜编钟，一套五件青铜编镈，另有乐舞俑三十八件和两套铜质乐器支架四件。据清乾隆年间《章丘县志》引《三齐记》，传此墓为齐国大将匡章之墓。陶埙出土时分别在大墓内、外间的北侧，为泥质灰陶，形体略呈上窄下宽的长卵形，上部尖小，底部稍宽圆。陶埙表面磨制光滑，小巧玲珑。顶端尖窄的口部为一圆形吹孔。腹部上下设有四个音孔：上面的两个音孔排列在一起，比较规整；下面的两个音孔中，一个在其颈部，另一个在下腹部。埙体通高 5.8 厘米，最大腹径 3.2 厘米。该陶埙尚能吹奏，能奏出五个以上的乐音和较为复杂的音阶。[1]

章丘女郎山战国大墓陶埙[2]

---

① 李日训：《山东章丘女郎山战国大墓墓主之推测》，载《纪念山东大学考古专业创建 20 周年文集》，山东大学出版社，1992。

② 周昌富、温增源主编：《中国音乐文物大系·山东卷》，大象出版社，2001，第 19 页。

　　湖北荆州熊家冢墓地是东周时期楚国大型墓地之一。2005 年 11 月，在对湖北荆州熊家冢墓地车马坑和部分殉葬墓的抢救性发掘中，在其中一座殉葬墓中出土了两枚陶埙。两枚陶埙均为灰褐陶，时代应为春秋晚期。这两枚陶埙尺寸甚小，通高仅 3 厘米，且为五音孔，手持演奏不甚方便。战国时期五音孔陶埙已经广为流行，该陶埙是否为根据彼时流行的平底卵形五音孔陶埙而制作的模型，抑或是明器，相关考古发掘报告中没有说明。这两枚陶埙制作较为精良，形制也相对统一，不排除作为实用乐器的可能性。

湖北荆州熊家冢墓地陶埙两枚[①]

　　新郑博物馆馆藏的七音孔陶埙，1992 年 10 月经初步鉴定，时间为春秋战国时期。青灰色陶，表面有光泽。通高 10 厘米，腹径 8.3 厘米。体呈鹅卵形，顶尖，底平。七音孔，一面两个孔横列，一面五个孔呈 "U" 形排列。顶部有吹口。[②]

---

　　① 荆州博物馆：《湖北荆州熊家冢墓地 2006—2007 年发掘简报》，《文物》2009 年第 4 期。

　　② 赵世纲主编：《中国音乐文物大系·河南卷》，大象出版社，1996，第 12 页。

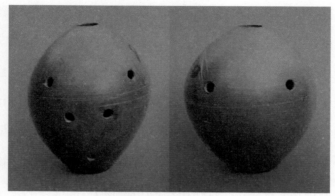

新郑东周遗址七音孔陶埙正面和背面[1]

出土的东周陶埙既有春秋时期的，也有战国时期的。从空间来看，目前出土的陶埙主要集中于河南、湖北、山东三省，从出土陶埙及其共存器物可以推断，东周时期陶埙仍为礼乐队或其他场合中使用的重要乐器。

从形制来看，郑国东周祭祀遗址出土的六枚陶埙与热电厂东周遗址陶埙、590号墓陶埙以及土地局东周遗址陶埙都有折腹现象。从音孔数量来看，春秋中晚期的郑国东周祭祀遗址陶埙为三音孔或四音孔，热电厂东周遗址陶埙等却均为二音孔，而洛阳西周北窑陶埙为五音孔，殷墟妇好墓埙也为五音孔，为何音孔数量反而减少了呢？或许陶埙音孔的数量与其功用密切相关，不同的场所对音孔的要求不一样，不能依据音孔数量来判断陶埙进步还是落后。

① 赵世纲主编：《中国音乐文物大系·河南卷》，大象出版社，1996，第26页。

# 第三节　秦汉至明清时期的埙

## 一、秦汉时期

秦的历史过于短暂，目前尚未见到秦代陶埙。秦代，埙仍应用在宫廷音乐当中。汉代俗乐十分盛行，所谓"俗乐"即民间音乐，埙作为土生土长的产物，更有了它的用武之地，埙的演奏空间发展很广阔，成为吹奏曲调的旋律乐器。

汉代的陶埙与周代相似，因注解周代《诗经》的郑玄是汉代人，因此，通过记载可以看出汉埙和周埙基本相似。东汉应劭的《风俗通义》记载："埙烧土也，围五寸半，长三寸半，有四孔，其二通，凡为六孔。"据此可知，东汉的埙跟商代的埙体积相近。

汉代，埙的形制进一步发生变化，异型埙、人首埙、兽首埙较为多见，其音乐性能有所减弱，玩具性能显现出来。自汉代以后，埙日渐衰落。由于社会经济的发展，外来乐器的传入，加上埙本身音量小、音域窄等因素，埙这一古老乐器日渐衰微。史书上的记载也日渐减少，埙逐渐沦为民间的玩具。

古人对乐器的研究往往跟物理、气候、历数等联系在一起，东汉班固在《白虎通》中记载："埙，坎音也。管，艮音也。埙在十一月，阳气于黄泉之下，薰蒸而萌。"

埙因为是土烧制的，所以称为坎音。实际上，埙只是一种乐器，和气候并无太大关联。

1983年，在甘肃武威王景寨乡汉墓出土陶埙一枚，为汉代遗存，长7.8厘米，高6.5厘米。该埙形似斑鸠，口对吹孔徐徐吹气，可发出类似斑鸠的鸣叫声。现藏于甘肃省武威市博物馆。

武威王景寨汉墓陶埙[①]

山东临沂市博物馆收藏的汉代吹"泥哨"陶俑[②]

---

　　① 郑汝中、董玉祥等：《中国音乐文物大系·甘肃卷》，大象出版社，1998，第41页。

　　② 陈秉义：《契丹—辽音乐文化考察琐记——对铜镜、埙、大螺和毛员鼓的音乐史料考察》，《沈阳音乐学院学报》2017年第3期。

2013 年，西安市文物保护考古研究院在西安北郊太华路与凤城
一路基建工地发掘了十座汉墓，其中有五座为竖穴土圹砖椁墓，这
五座墓葬的年代为西汉晚期至新莽时期。墓葬出土埙两件（修复一
件）。其中一件泥质灰陶，呈椭圆形，顶部较尖，上有一孔，腹部
有四个孔，平底，底径 2.9 厘米、高 6.3 厘米。[1]

埙在汉代画像石中也有体现。南阳县（今南阳市）卧龙岗崔庄
出土，现藏于河南省南阳汉画馆的东汉乐舞画像石中，就刻画了一
名吹埙的女乐伎形象。"该石长 120 厘米，高 29 厘米。雕刻精细，
画面共刻八人。左边三人正在表演舞蹈杂技，一女子长袖细腰，下
着短裙宽裤，张臂扬袖，婆娑作舞。一大汉头戴假面，赤身露体，
右手前伸，臂上置壶，左臂高举，摇鼗鼓，并蹲身做跳跃状。其后
一人以左臂支身，倒立于地，右手尚端一碗状物。右边五人，均踞
坐，一女膝上置瑟，以右手弹拨。中间一人吹埙，其两旁两人吹排
箫、摇鼗鼓，边上一人右手举钲，左手执小槌击之。"[2]

南阳崔庄东汉乐舞画像石

---

① 西安市文物保护考古研究院：《西安北郊万达广场汉代砖椁墓发掘简
报》，《考古与文物》2017 年第 1 期。

② 赵世纲主编：《中国音乐文物大系·河南卷》，大象出版社，1996，
第 165 页。

南阳崔庄东汉乐舞画像石拓片

南阳汉画馆收藏有 1949 年前出土于河南省南阳县阮堂村的东汉乐舞画像石，该画像石中就有一女乐伎在吹埙。"该石高 45 厘米，长 138 厘米。石上共刻四人，左起第一人为女子，高髻、细腰、踞坐，膝上右侧置大瑟一架，乐伎以右手弹拨，左手抚弦。第二人亦为女子，高髻、宽袖、细腰，踞坐于地，两手拱于嘴前，似在吹埙。第三人为男子，头戴高冠，身着宽衣大袖，亦踞坐，面前置小鼓，左手摇鼗，右手执杖击鼓。最后一人头戴高冠，着假面，腰佩长剑，两臂上举，两腿半蹲，似做某种戏剧表演。"①

南阳阮堂东汉乐舞画像石②

---

① 赵世纲主编：《中国音乐文物大系·河南卷》，大象出版社，1996，第 172 页。

② 同上。

此外，南阳汉画馆收藏的河南省南阳石桥乡鄂城寺出土的一块东汉鼓舞画像石，画像中也有一女乐伎在吹埙。

南阳鄂城寺东汉鼓舞画像石

1978年，在河南省唐河县湖阳公社新店村西的汉郁平大尹冯君孺人画像石墓中出土了五块乐舞画像石，其中一块长袖折腰舞画像石中似有乐伎吹埙的场景。

汉郁平大尹冯君孺人画像石墓长袖折腰舞画像石拓片

在河南省南阳市北关中原技校出土的乐舞画像石中，似有乐伎吹埙的场景。该石长168厘米，高24厘米。"石上共刻五人。中间为男女二人对舞，一女子高髻细腰，扬长袖翩翩起舞；对面一男子，假面，赤身张臂伴舞。舞者之后，一细腰女子，单手支撑，倒立于一个三足夋上，另一手似还端一盘。舞者之左两乐伎，前者双手执鼓桴做敲击状，后者似在吹埙。"①

南阳北关东汉乐舞画像石拓片

　　1964 年，河南省南阳新华公社西关一座晋墓中出土了一块乐舞画像石。图中有一人似在吹埙。从墓室形制及出土的遗物看，该墓是一座晋墓，但从画像石形状花纹看，画像石应属东汉。"该石长186 厘米，高 68 厘米。画面分上、下两层，上层横戴的帷幔下刻八乐伎。中间二人为舞伎，一男一女对舞。地下置三鞞鼓，女子高髻，长袖细腰，踏鼓扬袖婆娑作舞；男子赤身袒胸，伸臂，臂上置壶，亦屈身作舞。左边三人，皆踞坐，两人吹排箫，一人摇鼗。右边三人，亦踞坐，一人击鼓，一人吹箫摇鼗，另一人似吹埙。"②

南阳西关东汉乐舞画像石拓片

---

① 赵世纲主编：《中国音乐文物大系·河南卷》，大象出版社，1996，第 184 页。

② 同上书，第 183 页。

1973 年，在山东省苍山县（今兰陵县）下庄乡城前村北晒米城一座汉墓中出土了一块乐舞杂技画像石，画像中就有乐伎吹埙的场景。"石面呈长方形，纵 50 厘米，横 242 厘米。画面为浅浮雕，可分上下两层。上层为龙、虎、双鹤叼鱼。下层为乐舞杂技：左边三人吹排箫、吹笙、吹埙；中间两人跳长袖舞，一人衔壶倒立，一人跳丸，右边四女伎踞坐，其一执短枹击鼓。"①

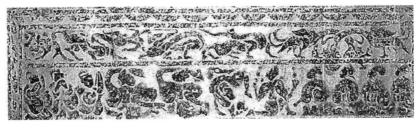

苍山晒米城东汉乐舞杂技画像石

从河南、山东出土的东汉画像石可知，汉代时，埙在民间广为运用，民间乐舞活动中，埙是一件常用乐器。

## 二、魏晋南北朝时期

魏晋南北朝时期既是一个动荡的时期，又是一个民族大融合的时期，更是一个高度开放的时期。这一时期，音乐文化交流更加频繁，中原音乐与西域音乐交流融合，为这一时期的音乐文化融入许多新的元素。

考古发现的魏晋南北朝时期的埙尚不多见，但从敦煌石窟第435 窟（北魏）壁画上乐伎吹奏瓷埙，第 430 窟（北周）西壁龛楣

---

① 周昌富、温增源主编：《中国音乐文物大系·山东卷》，大象出版社，2001，第 311 页。

化生乐伎中出现造型呈球状、颇为独特的陶埙，以及云冈石窟第
12窟乐伎吹埙的场景来看，这一时期埙在乐曲演奏中仍然扮演着
重要的角色。此外，通过文献记载，也可以了解这一时期埙的发展
情况。

《魏书》载："依魏晋所用四厢宫悬，钟、磬各十六悬，埙、篪、
筝、筑声韵区别。"① 可知魏晋采用四厢宫悬制度。四厢宫悬是魏
晋南北朝以迄隋唐宫悬制度建设的核心内容之一。四厢指黄钟厢、
太簇厢、蕤宾厢、姑洗厢，分别由编磬、编钟、衡钟、镈钟等乐器
组成四组宫悬，基音律高分别合于古律中的徵、羽、宫、商四声，
埙、篪、筝、筑的声韵加以区别。

四厢乐歌是中古时期最重要的一类宴飨仪式乐歌，是这一时期
宴飨礼仪制度建设背景下的产物。据史籍记载，两晋、刘宋、南齐、
梁，以及北齐、北周的四厢乐歌均被较完整地保存下来，这类乐歌
是中古时期乐府宴飨礼仪乐歌的代表。《晋书·乐志》《宋书·乐
志》《南齐书·乐志》《隋书·音乐志》，以及《乐府诗集·燕射
歌辞》对各代四厢乐歌多有收录。②

关于四厢礼乐制度产生的具体时间，史无定论。宋代陈旸从乐
悬制度建设的角度认为汉魏已设四厢金石礼乐，并追溯其乐悬之
制。《乐书》云："汉魏以来有四厢金石之乐，其架少则或八、或
六，多则十六、二十。至隋唐始益为三十六架，高宗蓬莱宫充庭有

---

① 魏收撰：《魏书》卷一〇九《乐志五》，中华书局，1974，第2839页。
② 许继起：《乐府四厢制度及其乐歌考》，《文化遗产》2015年第5期。

七十二架。"①

从"埙、篪、筝、筑声韵区别"的记载来看，埙在两晋、刘宋、南齐、梁，以及北齐、北周时期，一直在宫廷宴飨仪式中运用。但从陕西关中的咸阳平陵十六国墓、西安凤栖原十六国墓、西安北郊顶益制面厂十六国墓、西安北周安伽墓、西安北周凉州萨保史君墓等十余处十六国北朝时期墓葬出土的乐舞俑来看，无一处有埙出土，所见乐器以中原传统乐器为主，如排箫、箫、笙、笛、琴、筝、卧箜篌、阮咸、节鼓、鼗鼓、角、锣等，音乐基本沿袭了魏晋中原旧制。可见，随着少数民族政权的建立，在中原和西域音乐交流的过程中，埙的使用空间被不断挤压。河南地区东汉画像石中埙大量出现，而陕西关中地区十六国北朝墓葬无一埙出土，恐怕不仅仅是地理空间的变化，其原因值得深入研究。

### 三、隋唐时期

隋唐作为秦汉以后又一个伟大的统一时代，在疆域开拓、经济繁荣和文化发展方面都取得了空前的成就。经济文化的不断发展与繁荣使得音乐的类型非常多样，不仅宫廷音乐有所创新，民间音乐也得到了极大的发展。这一时期，埙在宫廷和民间都有使用，隋唐传世的埙虽然数量不是很多，但制作工艺更加精美，三彩埙形制多姿多彩。

其中，河北邢窑博物馆收藏有三枚隋代青釉埙，介绍如下：

---

① 陈旸：《乐书》卷一二四，收入《景印文渊阁四库全书》，台湾商务印书馆，1986，第 537 页。

武士头形青釉埙。扁圆形，内空，直径8厘米。模印武士头形，盘发束起，鬈发外露，怒眉上挑，双目圆睁，阔鼻高耸，嘴唇宽厚，长髭上卷，下有小胡，大耳衔环。水锈较甚，但透过水锈可显出黄褐釉彩。

隋代武士头形青釉埙①

胡人头形青釉埙。扁圆形，内空，直径6厘米，模印胡人头形，发髻外露，发上设花朵装饰，深目高鼻，络腮胡翻卷，露齿微笑状。

隋代胡人头形青釉埙②

---

① 贾城会：《罕见的隋代青釉人面埙》，《中国文物报》2019年1月8日第8版。

② 同上。

老人头形青釉埙。扁圆形，内空，径7厘米，正面模印老者形象，头戴发箍，慈眉善目，露齿微笑状，大耳，唇上有短胡，额头及两颊有深深的皱纹。

隋代老人头形青釉埙①

河北邢窑博物馆收藏的青釉埙，经试吹均能发出不同的音，完全可以构成七声音阶，还能吹出七个音阶以外的几个半音和部分变化音，且音色浑厚。②

1995年，在新疆墨玉库木拉巴特遗址出土陶埙一件。埙体长6.6厘米，形似人头状，鼻梁隆起，左右两按音孔犹如双目，吹口在其嘴部。该埙为手工捏制，稚拙朴实。两个按音孔全闭时吹出的音高为 $^{\#}d^3+32$，开启左边或右边的一个按音孔时吹出的音高为 $f^3+35$，两个按音孔全部开启时吹出的音高为 $g^3+11$ 音分。现藏于新疆维吾

① 贾城会：《罕见的隋代青釉人面埙》，《中国文物报》2019年1月8日第8版。

② 同上。

尔自治区和田地区文物管理所。

墨玉库木拉巴特陶埙①

中国历史博物馆收藏有一枚唐代绿釉三彩人首陶埙，埙体高 4~4.5 厘米，通体五彩鎏金。

西安博物院藏有一枚西安市征集的唐代绿釉陶埙，高 4.5 厘米，宽 5 厘米。

西安博物院收藏的人首埙

---

① 王子初、霍旭初主编：《中国音乐文物大系·新疆卷》，大象出版社，1996，第 11 页。

1990 年，在西安西郊热电厂基建工地唐墓出土猴头埙一枚，现藏于西安市文物库房。同墓还出土一件三彩击腰鼓乐俑。

1964 年，天津王襄先生捐献两枚唐代陶埙，现由天津艺术博物馆收藏。两枚陶埙保存完好，通高分别为 4.5 厘米、3.5 厘米，均属陶质圆雕。一枚为兽头埙，无釉，突眉，深目，圆鼻，一副狰狞之态。吹口位于头顶，面颊处开有两个音孔。一枚为人头埙，额部、鼻部及面颊等处残存黄褐绿三彩釉，深目高鼻，张口露齿，貌似当时的胡人形象。头顶及颧骨处分别开有吹孔和两个音孔。两枚埙均为儿童玩具，造型新颖奇特。

天津艺术博物馆收藏的唐代陶埙[①]

上海博物馆也收藏有两枚唐代人首埙。两枚埙均为人首形，胎色较白，系素烧成泥胎后，再加施釉色，在 900℃左右的窑温中二次烧制而成。釉彩斑驳流淌，为典型的北方三彩陶瓷制品。埙胎由模制对合粘接成型，脸部与脑部有明显的接痕。

人首埙一通高 4.6 厘米，为双目圆睁人像，宽鼻高耸，嘴巴上翘，

---

① 黄崇文主编：《中国音乐文物大系·天津卷》，大象出版社，1999，第 212 页。

头发覆盖脸、额，为一狰狞、勇武的胡人形象。吹孔位于头顶，按音孔有二，位于人脸两侧。

人首埙二通高 4 厘米，脸面施釉彩，后脑部无釉无纹饰。脸面造型近埙一，鼻缺损，亦为一胡人头像。头顶吹孔呈椭圆形。

两埙均能吹奏。二音孔可变换四种不同指法，即全闭、全开、开左孔闭右孔或开右孔闭左孔。后两种指法实质相同，故可得三个不同音高的音，耳测埙一可得 do、re、fa 三音，耳测埙二可得 la、do、re 三音。两枚埙只能吹奏极其简单的曲调，应为儿童玩具。

人首埙一 人首埙二 ①

1973 年，在河南巩县（今巩义市）站街镇黄冶村一座唐三彩窑址出土陶埙三枚，现藏于巩义博物馆。同出有大量的窑具、陶范、匣钵、支烧饼垫、炉体及盆、碗、罐、钵、俑人等。从出土遗址与

---

① 马承源、王子初主编：《中国音乐文物大系·上海卷》，大象出版社，1996，第 126 页。

烧制方法、形制与彩绘等方面判断，其时代当属唐宋时期，而三彩陶埙应为盛唐时期。其中人头埙一枚，高 4.3 厘米，范制；埙为人头形，浓眉、笑眼、抿嘴，表情滑稽；头顶正中开一吹口，音孔开在两颧骨部。猴头埙一件，高 3.8 厘米，范制；埙为猴头形，圆脸面，满头长毛，低压前额，小眼睛，圆眼珠，表情滑稽；头顶正中开一吹口，音孔开在两颧骨部。怪异人头埙一枚，长脸面，长发压眉梢，大眼睛，小眼珠，高颧骨，高鼻梁，龇牙咧嘴，表情痴呆，观之滑稽可笑；头顶开一吹口，音孔开在两颧骨部。各埙均可发出三个不同的音。

巩义三彩人头埙和猴头埙[①]

　　隋唐埙在敦煌壁画中也有反映。第 266 窟（隋代）一飞天乐伎吹奏一件有彩色花纹装饰的球状陶埙；第 427 窟（隋代）南壁一飞天乐伎吹奏卵形陶埙；第 220 窟（初唐）南壁经变乐队中的陶埙为桃子形状，可称为桃形埙，埙体美观，它由一菩萨乐伎演奏，更增

---

　　① 赵世纲主编：《中国音乐文物大系·河南卷》，大象出版社，1996，第 27 页。

添了几分美感。

汉至隋唐，埙的音孔并无太大的改变，唐代的埙仍然以卵形为主，六孔，与《尔雅》的记载基本相同。

从出土的隋唐埙来看，随着工艺水平的提高和三彩艺术的发展，埙的造型更加美观。河北内丘城区邢窑遗址出土的几枚埙，从外形、孔数、质地上看都不同于史料所载，既能吹奏出不同的音色，又具有惹人喜爱的玩具特点。邢窑瓷埙多为正面施釉，背面露胎。虽然具有玩具特点，但通过交替开闭二音孔及变换嘴与吹孔的进气角度（即俯吹、平吹、仰吹），均能发出不同的音，完全可以构成七声音阶，还能吹出七个音阶以外的几个半音和部分变化音，且音色浑厚。

邢窑遗址曾出土老人头形、胡人头形、武士头形、猴头形、马头形、怪兽面等形状瓷埙，有黄釉、青釉、黑褐釉等。有的人面形象传神写实，有的人面形象抽象，别有一番情趣，显出古朴之美。[①]

隋唐时期埙在宫廷的使用从文献记载可以窥知一二。

《隋书·音乐志》载："'清乐'其始即'清商三调'是也，并汉来旧曲。……其乐器有钟、磬、琴、瑟、击琴、琵琶、箜篌、筑、筝、节鼓、笙、笛、箫、篪、埙等十五种，为一部。工二十五人。"[②]

据此可知，埙是华夏正声之十五种乐器之一。

---

① 贾成会：《罕见的隋代青釉人面埙》，《中国文物报》2019年1月8日第8版。

② 魏徵、令狐德棻等撰：《隋书》卷十五，中华书局，1973，第378页。

唐时，太常寺的礼乐制度中明确规定重大的活动和节庆时，要用到埙演奏：

> 宫悬之乐：……又设笙、竽、笛、箫、篪、埙，系于编钟之下；偶歌琴、瑟、筝、筑，系于编磬之下。……又设登歌钟、磬、节鼓、琴、瑟、筝、筑于堂上，笙、和、箫、埙、篪于堂下。
>
> ……每钟虡，竽、笙、箫、笛、埙、篪各一人。悬内枳敔各一人，枳在东，敔在西。二舞各八佾。[1]

《唐六典》是我国现存的最早的一部行政法典。从《唐六典》的这段记载来看，埙在唐代宫廷乐中一直使用，且乐悬之制中，埙是一件必不可少的乐器。

### 四、宋元时期

宋元时期是中国历史上艺术成就辉煌灿烂的时期，各种艺术形式，如音乐、舞蹈、戏曲、绘画等都有了进一步发展，宋元艺术呈现出更加丰富多彩的繁荣景象。

从考古发现来看，宋元时期存世的埙并不多见，这似乎印证了随着艺术的繁荣，埙在民间却逐渐衰落。从文献来看，宋代埙的音孔有所增多，并且形制也进一步多样化。

存世宋埙较唐埙有所减少。1989 年，在四川汶川县出土俑形陶

---

[1] 李林甫等撰：《唐六典》卷一四《太常寺》，中华书局，2014，第 403 页。

埙一枚，褐陶质。保存完好，做工细腻，高 6.86 厘米。腹部以上实心，开两个孔，俑体顶部斜向下部开一孔，腹部以下为空心。该陶埙为宋代遗物，现藏于四川省汶川县文物管理所。

汶川俑形陶埙正面和背面[①]

1983 年，山东省沂水县故城南一建筑工地施工时，发现了一座宋代砖式墓，墓口已被扰乱。清理出陶埙一枚，现藏于沂水博物馆。埙体通高 7.2 厘米，形似人首，为宋代遗物。该埙保存基本完整，器为球形，鬼脸状，鼻部有磕损，外施三彩釉。鬼脸双目处为音孔，吹孔位于鬼脸的口部。三彩陶埙为尖顶、圆腹，底微内陷，呈桃形。顶至腹部施三彩釉，底部露白胎，腹上部饰弦纹和竖线纹。高 3.5 厘米，腹径 5 厘米。该埙尚可吹奏，音色圆润，稍显尖锐，可发三个不同的乐音。耳测音高为宫（全闭）—角（单开一个音孔）—变徵（两个音孔全开）。

① 严福昌、肖宗弟主编：《中国音乐文物大系·四川卷》，大象出版社，1996，第 109 页。

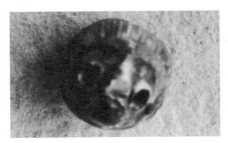

沂水故城埙①

　　宋代的埙，音孔渐有增多，并出现了不同式样。依据《宋史·乐志》对"伯氏吹埙，仲氏吹篪"注释可知，埙、篪均为六孔乐器，除吹孔外都是五音孔，其发音始于黄钟，终于应钟。孔全开时为应钟，全闭时为黄钟。由此可知，宋代时埙仍然是以六孔为主。

　　埙在《宋史》中多有记载，现将不同记载分别讨论：

　　　　据大乐诸工所陈，自磬、箫、琴、和、巢笙五器本有清声，埙、篪、竽、筑、瑟五器本无清声，五弦阮、九弦琴则有太宗皇帝圣制谱法。

　　　　九月，帝服靴袍，御崇政殿，召近臣、宗室、馆阁，……又出新制颂埙、匏笙、洞箫，仍令登歌以八音诸器各奏一曲。②

────────────

　　① 周昌富、温增源主编：《中国音乐文物大系·山东卷》，大象出版社，2001，第 20 页。

　　② 脱脱等撰：《宋史》卷一二七《乐志二》，中华书局，1977，第 2965 页。

据《宋史·乐志二》可知，经唐末之乱，一些乐器击打的方法已失传，匏、土、丝、竹等乐器无法演奏清声（半音），埙、篪、竽、筑、瑟五种乐器本来就不能演奏清声（半音）。宋太宗赵光义召集近臣、馆阁等新制出颂埙等乐器。

> 土部有一：曰埙。其说以谓：释《诗》者以埙、篪异器而同声，然八音孰不同声，必以埙、篪为况？尝博询其旨，盖八音取声相同者，惟埙、篪为然。埙、篪皆六孔而以五窍取声。十二律始于黄钟，终于应钟。二者，其窍尽合则为黄钟，其窍尽开则为应钟，余乐不然。故惟埙、篪相应。
>
> 五月，帝御崇政殿，亲按宴乐……埙、篪、匏、笙、石磬之类已经按试者，大晟府画图疏说颁行，教坊、钧容直、开封府各颁降二副。
>
> 奉诏制造太、少二音登歌宫架，用于明堂，渐见就绪，乞报大晟府者凡八条：……其四，太正少篴、埙、篪、箫各三等。旧制，箫一十六管，如钟磬之制，有四清声。①

据《宋史·乐志四》可知，土部乐器只有埙，释《诗经》者认为埙、篪虽为不同乐器，但经常一起演奏。八音分类的乐器都不同声，为何埙、篪相同呢？是因为埙、篪都是六孔以五孔发声，二者始终

---

① 脱脱等撰：《宋史》卷一二九《乐志四》，中华书局，1977，第3011、3017、3023页。

是始于黄钟终于应钟，孔全闭为黄钟，孔尽开为应钟，其他乐器不是这样。这段记载说明宋代的埙跟此前一样是六孔的。宋太宗命教坊教习"大晟乐"，埙、篪、匏、笙、石磬之类乐器有画图和解说。

> 埙有大小，箫、篪、篴有长短，笙、竽之簧有厚薄，未必能合度。[①]

据《宋史·乐志六》记述，绍兴大乐中，不同大小的埙，不一定都符合实际要求。

> 宋朝湖学之兴，老师宿儒痛正音之寂寥，尝择取《二南》《小雅》数十篇，寓之埙龠，使学者朝夕咏歌。
> 今太常乐悬钟、磬、埙、篪、搏拊之器，与夫舞缀羽、龠、干、戚之制，类皆仿古，逮振作之，则听者不知为乐而观者厌焉，古乐岂真若此哉！……埙，土也，变而为瓯。[②]

据《宋史·乐志十七》记述，宋代湖学兴起，正音太少，宿儒们便选《二南》《小雅》等数十篇，配上埙、龠，让学者朝夕咏歌。宋人认为，古之雅乐应当非常美妙，让人听得喜悦平和。宋代太常乐形制等都与古代相似，但听着不似音乐，因此，怀疑古乐并非如

---

[①] 脱脱等撰：《宋史》卷一三一《乐志六》，中华书局，1977，第3050页。
[②] 同上书，卷一四二《乐志十七》，第3339、3357页。

此。记载说明埙仍然是宋代雅乐中必不可少的乐器。

再看《金史》有关埙的记载：

> 太庙登歌，钟一虡，声一虡，歌工四，龠二，埙二。
>
> 宫悬乐三十六虡：……埙八，一弦琴三，三弦、五弦、
>
> 七弦、九弦琴各六……
>
> 宫悬二十虡：……巢笙、竽笙、箫、埙、篪、笛各八……①

《金史》撰成于元代，是反映女真族所建金朝的兴衰始末的重要史籍，后世学者对《金史》的评价很高。从《金史》记载可知，金之礼乐基本保持了宋的规制。在太庙登歌中，埙用两枚；宫悬乐中，埙用八枚；官吏摄祭活动中，埙用八枚。

"宋四大书"之一的《册府元龟》，也有埙的记载。

> 以之而彰埙篪，和乐之美，于是乎在孔子曰：孝悌也
>
> 者，其为仁之本与信君子之所务也已。②
>
> 《诗》云"诱民孔易"，此之谓也。（诱，进也。孔，
>
> 甚也。言民从君所好恶，进之于善无难。）然后圣人作为
>
> 鼗、鼓、柷、楬、埙、篪，此六者，德音之音也。③

---

① 脱脱等撰：《金史》卷三九《乐志》（上），中华书局，1975，第887页。

② 王钦若等编纂，周勋初等校订：《册府元龟》（校订本）卷八百五十一《总录部·友悌》，凤凰出版社，2006，第9911页。

③ 同上书，卷七百四十三《陪臣部·规讽》，第8580页。

奏请制度，经纪营造。依魏晋所用四厢宫悬，钟、磬各十六悬，埙、篪、筝、筑声韵区别。[①]

登歌，钟一虡，磬一虡，各一人，歌四人，兼琴瑟；箫、笙、横笛、埙、篪各一人。[②]

十年闰四月，幸南阳祠旧宅，礼毕，召校官弟子作雅乐，奏《鹿鸣》。帝自御埙篪和之，以娱嘉宾。还幸南顿，劳飨三老官属。[③]

《册府元龟》是北宋四大部书之一，为政事历史百科全书性质的史学类书。该书唐、五代史部分，是其精华所在，不少史料为该书所仅见，即使与正史重复者，亦有校勘价值。

《册府元龟》卷八百五十一指出"埙篪和乐之美"，应源自《诗经》对埙的描述；《册府元龟》卷七百四十三指出埙为六德音之一，埙被赋予德音之音，应与《诗经》埙篪隐喻兄弟和睦有关；《册府元龟》卷五百六十七与《魏书》卷一〇九"依魏晋所用四厢宫悬，钟、磬各十六悬，埙、篪、筝、筑声韵区别"的记载完全相同；《册府元龟》卷五百六十八指出，礼部作乐埙一人；《册府元龟》卷五百六十九指埙为八音之土类乐器；《册府元龟》卷一百九与《后汉书》卷二

---

① 王钦若等编纂，周勋初等校订：《册府元龟》(校订本)卷五百六十七《掌礼部·作乐第三》，凤凰出版社，2006，第6511页。
② 同上书，卷五百六十八《掌礼部·作乐第四》，第6521页。
③ 同上书，卷一百九《帝王部·宴享》，第1185页。

记载相同，记述了东汉孝明皇帝刘庄南巡狩，幸南阳，祠旧宅，亲自吹奏埙篪娱乐嘉宾。

《太平御览》有关埙的记载并无太多新意，所用材料多来自《诗经》《乐记》等古籍，多描述埙篪相和、埙为德音之音。相比之下，《文献通考》的记载则要全面得多。

> 圣人作为鼗、鼓、椌、楬、埙、篪。此六者，德音之音也，然后钟磬竽瑟以和之，干戚旄狄以舞之，此所以祭先王之庙也，所以献酬酳酢也……①

> 明帝永平十年，幸南阳，召校官弟子作雅乐，奏《鹿鸣》，帝自御埙篪和之，以娱嘉宾。②

> 上御崇政殿……次令登歌，钟、磬、埙、篪、琴、阮、笙、箫各二色合奏。③

> "圣人作为鼗、鼓、椌、楬、埙、篪，然后为之钟、磬、竽、瑟以和之。"是乐之倡始者在鼗、鼓、椌、楬、埙、篪，其所谓钟、磬、竽、瑟者，特其和终者而已。④

> 于是文之以五声，曰：宫、商、角、徵、羽，播之以八音，曰：金、石、土、革、丝、木、匏、竹……土，埙也。⑤

---

① 马端临：《文献通考》卷九十六《宗庙考六》，中华书局，1986。
② 同上书，卷四十六《学校考七》。
③ 同上书，卷一百三十《乐考三》。
④ 同上书，卷一百三十八《乐考十一》。
⑤ 同上书，卷一百三十二《乐考五》。

今镇（范镇）以箫、笛、埙、篪、巢笙、和笙献于朝廷，箫必十六管，是四清声在其间矣。①

陈氏《乐书》曰："土则埏埴以成器，而冲气出焉。其卦则坤，其方则西南之维，其时则秋夏之交，其风则凉，其声尚宫，其音则浊，立秋之气也。先王作乐，用之以为埙之属焉。盖埙、篪之乐，未尝不相应。《诗》曰：'伯氏吹埙，仲氏吹篪。'又曰：'如埙如篪。'《乐记》：'以埙篪为德音之音。'"

陈氏《乐书》曰："《周官》之于埙，教于小师，播于瞽蒙，吹于笙师。以埙为德音见于《礼》，如埙如篪见于《诗》，则埙之为器，立秋之音也；平底六孔，水之数也；中虚上锐如秤锤然，火之形也。埙以水火相合而后成器，亦以水火相和而后成声，故大者声合黄钟、大吕，小者声合太簇、夹钟，要在中声之和而已。《风俗通》谓围五寸半，长一寸半，有四孔，其二通，凡六空也，盖取诸此。《尔雅》大埙谓之嘂，以其六孔交鸣而喧哗故也。谯周曰：'幽王之时，暴公善埙。'《世本》曰：'暴公作埙。'盖埙之作，其来尚矣。谓之暴公善埙可也，谓之作埙，臣未之敢信矣。埙又作壎者，金方而土圆，水平而火锐，一从熏，火也；其彻为黑，则水而已。从圆，则土之

---

① 马端临：《文献通考》卷一百三十四《乐考七》，中华书局，1986。

形圆故也。或谓埙，青之气，阳气始起，万物暄动，据水土而萌，始于十一月，成于立春，象万物萌出于土，中是主土。王四季所言，非主正位六月，而亦一说也。（埙，六孔：上一，前三，后二。王子年《拾遗记》曰：'春皇庖牺氏灼土为埙，礼乐于是兴矣。'）"

雅埙 颂埙：古有雅埙如雁子，颂埙如鸡子，其声高浊，合乎雅颂，故也。今太常旧器无颂埙。至皇祐中，始制颂埙，调习声韵，并合钟律。前下一穴为太簇，上二穴右为姑洗，启下一穴为仲吕；左双启为林钟。后二穴：一启为南吕，双启为应钟，合声为黄钟。颂埙、雅埙对而吹之，尤协律清和，可谓善矣。诚去二变而合六律，庶乎先王之乐也。

七孔埙：一三五为九，二四为六。九者阳数之穷，六者阴数之中。古埙六孔，用其方色，所以应六律出中声也。今太乐旧埙七孔，上下皆圆而鬃之，以应七音而已，非先王雅乐之制也。明道时，礼官言太乐埙旧以漆饰，敕令黄其色，以本土音云。

八孔埙：景祐冯元《乐记》："今太乐埙八孔：上一，前五，后二，鬃饰甚工。"《释名》曰："埙之为言，喧也，谓声浊，喧喧然，主埙言之。"又曰："埙，曛也，主埙言之。"故《说文》曰："埙为乐器，亦作壎。"其实一也。①

---

① 马端临：《文献通考》卷一百三十五《乐考八》，中华书局，1986。

隋初，宫悬四面……笙、竽、长笛、横笛、箫、觱篥、篪、埙，面各八人。

唐乐悬之制：……笙、和、箫、篪、埙皆一，在堂下。[1]

尝窃观于太常，其乐悬、钟、磬、埙、篪、搏拊之器，与夫舞缀羽、龠、干、戚之制，盖皆仿诸古矣。[2]

《文献通考》是宋元之际著名学者马端临的重要著作，内容起自上古，终于南宋宁宗嘉定年间。《文献通考》涵盖了"乐"在内的二十四门，它与《通典》《通志》都以贯通古今为主旨，故后人合称为"三通"。

《文献通考》关于埙的信息甚多。《文献通考》卷一百三十《乐考三·历代乐制》记载了李宗谔等奉命编录《乐纂》之事，据此可知，宋代举行祭典、大朝会时，升堂奏歌，用埙两件。《文献通考》卷一百三十五《乐考八·石之属雅部》除引陈旸《乐书》诸多信息，对《诗经》《周官》《尔雅》《世本》《风俗通》《拾遗记》有关埙的记载逐一列举外，还记述宋仁宗皇祐年间，因太常旧器无颂埙，圣上敕制颂埙，调其音律，去掉变宫、变徵两音，以合六律之规范。这里将埙与阴阳五行结合起来，给乐器赋予一种哲理，这是古人的音乐观念，其实音乐与五行并无直接关系。此外，此书对七孔埙、八孔埙做了描述。据《文献通考》卷一百四十《乐考十三·乐悬》

---

[1] 马端临：《文献通考》卷一百四十《乐考十三》，中华书局，1986。
[2] 同上书，卷一百四十六《乐考十九》。

可知，隋唐乐悬之制，埙是不可或缺的乐器。

聂崇义的《三礼图集注》附有古埙和宋埙图各一，但其图说只是引《尔雅》郭注，并没对图中的音孔做说明。

a.《三礼图集注》古埙　　b.《三礼图集注》宋埙之前面（左）、后面（右）

从 a 图可以看出，古埙状如鹅卵，前面有三个音孔，后面如果没音孔的话，与商代早期的埙相似；如有音孔，最多只能有两孔，则与商代后期的埙相似。

而 b 图宋埙，前面五音孔，后面两音孔。可见宋代的埙是七音孔埙，埙的音域进一步拓宽，表现力进一步增强。

陈旸《乐书》对埙有较为详细的描述。除了提及周官之于埙，有教于小师，播于瞽蒙，吹于笙师。还提到以埙为德音，故见于礼；如埙如篪，见于诗，则埙之为器，属立秋之音。平底六孔是水之数，中虚上锐如秤锤则为火之形，因埙是以水和泥制坯干后，烧制而成，所以，埙是水火相合而后成器，水火相和而后成声。

陈旸《乐书》提到的埙有以下几类：

### 1. 大埙与小埙

大埙的音高合黄钟、大吕；小埙的音高合太簇、夹钟。由此可知，两埙的音高仅差一全音，或最多差一小三度。大埙标题下注明古埙，并引《风俗通义》之说，围为五寸半，唯长三寸则误为一寸半，此可能是付印时制版之误。至于音孔数也同为六个，有四孔其二相通。

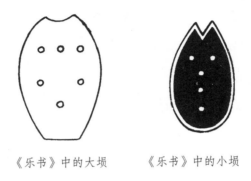

《乐书》中的大埙　　　《乐书》中的小埙

## 2. 雅埙与颂埙

《乐书》继《三礼图集注》之后，称古时大如雁子的埙为雅埙，小如鸡子的埙叫颂埙，这是以其发音的高低合乎雅颂而定。宋代太常寺的旧乐器中无颂埙，到皇祐中始制颂埙，调习声韵使合钟律，各孔音高及指法如下：

前下一穴为太簇，上二穴右为姑洗，启下一穴为仲吕；左双启为林钟；后二穴，一启为南吕，双启为应钟，合声为黄钟。

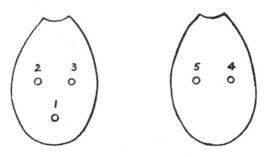

《乐书》中颂埙指法孔位图

《乐书》记载："雅埙和颂埙对而吹之，尤协律清和，可谓善矣。诚去二变而合六律，庶乎先王之乐也。"

颂埙雅埙因大小不同而音色稍异，故对而吹之，有协律清和之感，唯"诚去二变而合六律"之句，则有问题，按照《乐书》之指法，吹出为七音，有变宫及变徵二音，即使此二音去而不奏，也仅有黄钟（do）、太簇（re）、姑洗（mi）三律合于六阳律之前三律，其他蕤宾（#fa）、夷则（#sol）、无射（#la）三律，则不能以《乐书》指法吹，必须另以配孔或半孔之法才能奏出。所以此六律只能视作十二律中之六律，不能作周礼中六律六同之六阳律来解。

七孔埙——由《乐书》知一三五之和为九，二四之和为六。九是阳数中最大的，六是阴数内中间的，所以古埙用六孔，以应六律而出中声。陈旸说当时太乐所有的旧埙为七孔，上下皆圆而髹漆之，以应七音，非先王雅乐之制。此七孔埙除顶上吹孔外，大概是前四后二，为后来清代埙之前身。然《乐书》上实际所附之图却为七音孔，似为前五后二者。

八孔埙——根据冯元的《景祐广乐记》，可知当时大乐所用之埙为八孔——上一、前五、后二。髹漆装饰甚工细，但未说明何种颜色及花纹，不过从音孔的数目上，我们可知此埙大概和《三礼图集注》上所载的宋代埙相仿；至于颜色，从《宋史》知景祐二年（1035年）礼官言大乐埙旧以漆为饰，敕令黄其色，以本土色，故推知当为黄色。

木埙——这是不合规格以木代土而制的埙。仅由《宋史·乐志》

中提到元丰三年（1080 年）诏范镇与刘几定乐，范镇上奏曰："今八音无匏土二音：笙竽以木斗攒竹而匏裹之，是无匏音；埙器以木为之，是无土音也。"

《续资治通鉴》也有埙的记载，但大多引用旧史原文，有新意的不多。《续资治通鉴》为清代毕沅撰，与《资治通鉴》有不少出入，其大量引用旧史原文，叙事详而不芜。关于埙的记载多引自《宋史》等古籍，因此不再赘述。

从现存资料来看，考古发现元代的埙相对较少。元代与中国古代很多统一王朝不同，在文化领域的专制色彩并不突出，其文化政策显示出较强的开放性。

元代的礼乐大都承袭宋代，由《元史·礼乐志》知，登歌乐器有用两埙，陶土制成，围五寸半，长三寸四分，形如钟，六孔（上一、前三、后二），韬以黄囊。其形制与《风俗通》所说相同，只是长度短一分而已。

《元史》中有关埙的记载非常简单：

> 帝问制作礼乐之始，世隆对曰："尧、舜之世，礼乐兴焉。"时明昌等各执钟、磬、笛、箫、麾、埙、巢笙，于帝前奏之。[1]

---

[1] 宋濂：《元史》卷六八《礼乐志二》，中华书局，1976，第 1692 页。

《元史》成书于明代初期，是一部系统记载元代兴亡过程的纪传体断代史。上引史料讲述的是元宪宗二年（1252年），召太常礼乐人赴日月山，乐工李明昌等各执钟、磬、笛、箫、篪、埙、巢笙，为元宪宗演奏，并在日月山祭祀了昊天帝。可见，元宪宗时期，埙与钟磬等乐器常用于重大祭祀活动中演奏。

## 五、明清时期

明代在文化上的一个重要特征是思想控制进一步加强，提倡程朱理学，强化思想统治，凡不符合程朱理学的思想即视为异端，加以排斥。明代的埙存世较少，从文献资料来看，明代的埙有几种不同的形式：

### 1. 中和韶乐制之埙

从《大明会典》可知，明代中和韶乐之制，用埙四枚，以土为质，形如秤锤，平底中虚，上锐，孔六，上一、前三、后二，黑漆戗金云纹。明代埙的音孔数虽与古代相同，但其外形并非狭长的卵形，而是较扁矮的桃形。上涂黑漆，描绘云纹，看来富丽而典雅。

### 2.《律吕精义》中之埙

朱载堉首言埙为土音，必须烧土为之，犹如土篦、土铜，此二器不烧则不能盛水；又说古人的所谓土，即今人之所谓瓦，后世作乐苟且简陋，埙虽为土制而大抵未烧。同时，朱氏根据《风俗通》等所载埙之尺寸，认为围五寸半、长三寸半者为小埙，大埙旧不言其围多少，朱氏以鹅卵鸡卵之围证之，认为大埙之围，当为七寸半。因此，大埙小埙尺寸为：大埙围七寸半，长三寸半（见a图）；小埙围五寸半，长三寸半（见 b 图）。

由此看来，大小二埙的高度相同，仅肥瘦不同。朱氏对音孔的位置观点是："埙腰四隅各开一孔，相对透明，虽显四孔，只是两孔之通者耳。古云：其二通者，此也。双孔之下后开一孔，形如鼎足，共上一孔，是为六孔，所谓前三后二并吹为六者也。"

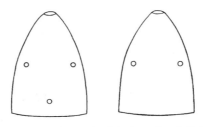

a.《律吕精义》中的大埙（左为正面，右为背面）

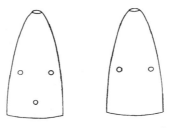

b.《律吕精义》中的小埙（左为正面，右为背面）

朱氏之埙完全是根据古书所述经个人推理而来，因此上锐下平而不像卵形，四音孔开于四角，演奏时距离较远，虽合四方及相通之理，但不便于握持吹奏。朱氏对古埙之考证说："锐上平底埙之形也。鹅子鸡子，不过喻其大小，而近代以埙为卵形，误矣。"其实朱氏当时并未见到真正古代之埙，故有此看法；而晋代的郭璞，却可能见到过卵形之埙，故作此注解。

又朱氏说按唇有俯仰抑扬，气有疾徐轻重，一孔可具数音，则旋宫亦自足，不必某孔为某声也。前者所说甚是，即由于吹奏的角度和运气的轻重不同，可控制音孔的音高，但只能吹奏徐缓乐曲，不能快速，且演奏者技巧及音感均须优良，始克胜任，否则即有音不准之感。埙亦必须有一定的音高，俾利于演奏。至于变化活音，可用于技巧之表演及转调之帮助等。

### 3.《续文献通考》之埙

《续文献通考》所说之埙是以白棉花和黄土揉捶而做成，形如秤锤，上锐、下平、中虚，朱漆戗金云龙，高三寸四分，围七寸五分，厚四分，顶上吹孔径四分，前面三音孔，后面二音孔，皆径一分半。这种埙的制作是先做一个内胎；待其干后，在外面包以和好棉花的黄土，做成埙形；待外坯干后，再从顶上将内胎的灰挖出，而成为中空的埙坯。这就是所谓脱胎制埙之法，虽然不需要烧，但不如用火烧成的陶瓷埙坚固。

清代继承了明的专制主义统治，但由于社会的稳定和经济的发展，流传于民间的世俗音乐文化空前繁荣起来，民歌、说唱、戏曲等民众喜闻乐见的艺术形式盛极一时。不过，埙并没有向前发展，在民间似乎进一步衰落。

考古发现的清代埙并不多见。故宫博物院收藏的红漆描金云龙纹埙，是清代宫廷演奏中和韶乐所用乐器。该埙高8.1厘米，底径4.3厘米，形如秤锤，中空，上锐下平，顶上有一个吹孔，前面四个音孔，后面两个音孔。该埙通体红漆，绘有描金云龙戏珠纹。分别置于殿檐前东、西两侧，各一件。

红漆描金云龙纹埙<sup>①</sup>

湖南省博物馆藏有一枚清代红瓷埙。埙体高 7.8 厘米，埙体有文"光绪七年辛巳岁，浏阳黎肇义审定"。

山东省曲阜孔庙大成殿藏有两枚陶埙，经考证为清代遗物。两枚埙皆形如鹅卵，工艺考究。二器同制，陶质旋制，通体施黑色漆。略近葱头形，小平底，顶端为吹孔，腹设前三后二共五个音孔。通高 10.9 厘米，最大腹径 9.5 厘米，底径 5.8 厘米，吹孔径 1.3 厘米，音孔径 0.6 厘米。

曲阜孔庙大成殿陶埙之一

曲阜孔庙大成殿陶埙之二

---

① 修海林、王子和：《看得见的音乐：乐器》，上海文艺出版社，2001，第 308 页。

四川德阳孔庙旧藏一件清代陶瓷埙。通高 8.8 厘米，梨形，上小下大，吹孔在顶部，指孔六个，两行排列，距顶孔 3.5 厘米一行有两个指孔，另一行距底约 3.5 厘米有四个指孔。埙体涂成红色，黑色彩绘，底层绘海浪纹，一龙自水面腾飞。云纹布满埙体，底部圆圈纹，圈内有篆书刻铭"山东曲阜孔氏造"，文字清晰。

德阳孔庙陶瓷埙[①]

从清代《续文献通考》及《大清会典图》等文献可知，清代的埙有雅乐埙及众乐埙两类，现分别说明如下：

### 1. 雅乐埙

雅乐所用的埙有黄钟埙和大吕埙两种，相差半音，均用土烧制而成。以黄钟埙为例，其体积相当于八倍黄钟管之体积，内高 2.23 寸，腰径 1.717 寸，居于自顶向下内高的三分之二处，底径 1.168 寸。顶上为一吹孔，前面有四音孔，后面为二音孔。

此埙通体漆朱红色，上画金云龙使其更美观。合乐时奏埙者以

---

① 严福昌、肖宗弟主编：《中国音乐文物大系·四川卷》，大象出版社，1996，第 109 页。

双手捧持，在埙底下的手指间，悬以五色流苏作装饰。此黄钟埙因起自黄钟阳律，所以也称"律埙"。

### 2. 众乐埙

众乐埙分为䶊和埙：

䶊——即大埙，烧土而成，形如秤锤，但孔较《尔雅注解》所说的六孔多，共有九孔（上一、前六、后二），发音平和而多悲性。据清代《续文献通考》载："指法不易，有半音、三分音、七分音各色。……高布帛尺二寸八分。"但未说明指法、孔位尺寸及如何吹奏，故仅能推知其音域略广及较多变化而已。

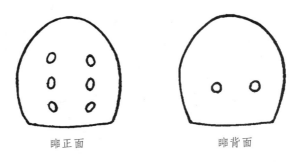

䶊正面　　　　　　　　　䶊背面

埙——此众乐之埙较䶊为小，孔数与古代者同，共六孔（上一、前三、后二），高为二寸四分。

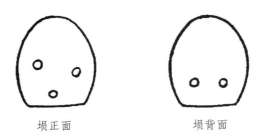

埙正面　　　　　　　　　埙背面

埙在清代进一步式微，并未随着民间音乐的繁荣而有所发展，戏曲剧种、说唱曲种、民间乐种中几乎找不到埙的身影，直至晚清吴浔源编著的《棠湖埙谱》，才有第一部埙的总结性综合论著。

秦汉以降，埙的运用逐渐减少，虽然汉代出现了六个音孔的埙，但其应用远没有殷周广泛。汉乐府中，埙主要在清商乐里使用。2000 年，山东济南洛庄汉墓中发现了一批具有极高研究价值的汉代乐器，但没有发现陶埙，这似乎可以说明埙在汉代已经不受重视。这主要是因为汉唐以来大量表现力丰富的乐器出现，使埙在乐队中的作用越来越小。汉乐府中的清商乐保存了不少秦代以来的历代民间俗乐，享有华夏正声的美名。在用来伴奏的十五件乐器中，埙被排在最后，在这里看重的其实是陶埙的存在价值，其象征意义大于使用价值。

秦汉以后，埙在中国的音乐历史上主要用于历代宫廷音乐，唐宋以来，只有在雅乐里还保留了陶埙的一席之地，但已是徒具形式，名存实亡了。而且陶埙音量小、音色单调及音域方面的局限使其难以适应人们审美多样化的需求。在汉唐以歌舞乐为主体的时期，社会经济文化高度发展，人们大都沉迷于追求华丽、宏大的音响效果。陶埙在音色方面比不上琵琶、筝等弹拨乐器的清脆与华丽，在音量、音域、技巧等方面又不及笛、笙等吹管乐器的洪亮、宽广与多样化，被淘汰是必然的。

宋代，木埙逐渐盛行，并大有代替陶埙之势，曾有过七音孔的木埙，因统治者认为有违八音古制而被明令禁止使用，所以没有流传下来。明代的《三才图会》中也有关于埙的记载。清代埙仍保持五个音孔及以上。虽然清代宫廷中古风盛行，埙又重新被用到雅乐之中，但由于清代后期内忧外患，加上乐器本身的局限性，埙越来越不为人所知。

民国时期，民间音乐蓬勃发展，埙依然不为大众所闻。曾有几位学者试图对埙进行改良，拓宽其音域，增大其音量，"本世纪（20世纪）初叶，最早对埙进行研制的是民族音乐家王龚之、孙裕德二位先生，他们在传统埙的基础上相继研制成了八孔埙和九孔埙（均未含吹孔），从他们研制的成果来看，传统埙的音域有所扩展，从胴音算起可达八度和八度半"[①]。但由于各种原因，复兴埙的理想并未实现。

1949年至20世纪70年代末，埙依然没有得到足够的重视，甚至一度有绝迹的倾向。改革开放以来，埙才真正踏上研究与改良的道路，有了长足的发展。

考古发现展示了这一"华夏旧器"发展演变的历史足迹。作为我国最古老的吹奏乐器之一的埙，产生于新石器时代，繁盛于殷商时期，经历两周渐有式微之势，延及秦汉不断衰落，比及明清几不复闻。然而，埙七千余年的悠久历史及其独特的制作材料、外观造型和音响效果奠定了其独特的历史地位，埙不仅绽放在中国古代音乐的历史长河里，在世界民族音乐之林中更是意义非凡。

---

① 陈瑞泉、李永：《"埙"的传统与革新——谈传统埙及其制作工艺》，《枣庄师专学报》2000年第3期。

第三章

千古流音：埙的乐器学分析

# 第三章　千古流音：埙的乐器学分析

远古时期乐器的功能以狩猎和歌舞伴奏为主。根据现有的出土实物可知，吹奏类乐器是最早出现的乐器，埙和笛是最早的两种吹奏乐器。由于埙多为陶土烧制，坚实而不易损坏，因此，埙就成为研究音乐发展史的重要对象。追寻埙的历史足迹，便可追寻人类产生音乐审美意识的起源情况，寻找隐藏其中的中国音乐的发展脉络。

埙是一件自新石器时代起，在长达三四千年的漫长岁月中不间断地序列性发展的乐器。通过对序列性埙进行比较研究，音阶演变的过程便清晰可见。

任何一种吹奏乐器，特别是埙这样的乐器，应该是在人们对于某种音阶有所认识之后才能制作出来的。一音孔或一音孔以上的陶埙的制作，必然反映了当时人们对于某种音阶的认识；不能想象人们对某种音阶还没有认识，就会制造能吹奏某种音阶或其中某几个音的乐器。

从一音孔陶埙到五音孔陶埙的演变经历了三千多年，这一过程基本反映了人们对音阶的认识过程。秦汉以后，由于十二律管作为标准定音器基本确立下来，埙的测音不再为人们所关注，因此，选取新石器时代、殷商与两周陶埙的测音，可以窥视音阶的起源及其形成的过程。

# 第一节　新石器时代埙的测音分析

埙是吹奏乐器，埙的发音离不开演奏方式、乐器构造及其物理规律。埙是靠空气振动发声的，吹出的气流经过吹孔和腔体，当吹孔内的气团与腔体内的空气发生共振时，获得稳定的音高。共振频率决定了它的音高，共振频率与带宽共同决定它的音色。

埙是用陶土烧制而成的球体积气类吹奏乐器，"从发声学的原理看，埙是一种胴体积气类吹奏乐器，其音的高低是靠胴体容积的大小、吹孔的大小及吹孔内壁的斜面来改变音的高低的。一般情况下，胴体的内腔容积大，埙的发音就低；指孔孔径大、指孔增多、埙的发音就越高，反之就越低"[①]。

## 一、音乐文物调查与陶埙测音

探索音乐的起源是音乐学家关心的重要问题，当"文革"结束，学术的坚冰刚刚打破之际，吕骥等人决定通过考察中国独有的乐器——埙，来考察音阶的起源。

1977 年春夏，吕骥和黄翔鹏、尹盛平、罗西章等四人组成古代

---

① 杨光灿：《埙的研制创新和吹奏探析——兼谈 11 孔埙的创制工艺》，《云南社会主义学院学报》2002 年第 3 期，第 59 页。

音乐文物调查小组，赴河南、山西、陕西、甘肃四省考察先秦音乐
文物，重点考察了陶埙与编钟，获得了西周、春秋时期的编钟能够
在一个钟上发出两个音的重要成果。这是以往典籍上没有记载过的
先秦时期的重大创造。五声音阶始于何时，一直没有定论，通过这
次对埙的调查，调查小组获得了中国五声音阶形成于母系氏族社会
后期的论证。

调查小组以音乐文物的测音结果为依据来梳理音阶产生的脉
络。首先要提的是西安半坡的陶埙，因为这是迄今为止我国出土的
最早的乐器之一。

西安半坡是我国母系氏族公社繁荣时期有代表性的聚落遗址
之一，出土的文物包括生产工具和生活用具在内多达万件，陶哨
（埙）是其中之一。根据考古工作者对半坡遗址出土文物的研究，
经碳素测定，半坡是六千多年前的遗址，就是说半坡陶哨（埙）也
是六千多年前的遗物了。经贴颏吹奏，调查组用音叉对西安半坡陶
哨（埙）测了音，再回北京用闪光测音机测定，陶哨（编号 P473）
的发音如下：

用闪光测音机测得的音高

| 闭孔音 | 开孔音 |
| --- | --- |
| $f^3+42$（音分） | $^{b}a^3+80$（音分） |

从测音结果可知，"我们祖先在六千多年前用陶哨所吹出的音
程，同今天钢琴上所发出的小字三组 $F^3$—$^{b}A^3$ 在音程关系上颇为接

近"[1]。半坡陶哨（埙）让我们听到一个小三度音程，当然还不能据此认为六千多年前我们的祖先已经有了某种形态的音阶。但可以推测，假若它不是六千多年前半坡人所制作的第一件陶哨，而是其中之一，那么，就可以根据这枚陶哨（埙）吹出的两个音构成的音程，认为当时应用的音阶存在和我们现代五声音阶中的小三度相接近的音程。当然，这仅仅是推测，揭示氏族社会的音阶结构还需要更多的出土文物来构建。

调查组对山西万荣荆村出土的新石器时代的一音孔陶埙及河南郑州旮旯王村出土的殷代陶埙进行了测音。用闪光测音机根据录音实测，其发音如下：

荆村陶埙与旮旯王村陶埙测音结果

单位：音分

|  | 闭孔音 | 开孔音 |
|---|---|---|
| 荆村陶埙 | $^{\#}c^3+18$ | $e^3-42$ |
| 旮旯王村陶埙 | $g^2-20$ | $^{b}b^2-47$ |

根据测音结果，"这两个陶埙发音音高虽不同，但两个音构成的音程都是小三度，发音的准确性和半坡陶埙差不多。这个情况，可以说明这种小三度音程在新石器时代，不仅存在于陕西，也存在于山西，而且到殷代还存在于河南"[2]。

---

① 吕骥：《从原始社会到殷商的几种陶埙探索中国五声音阶的形成年代》，《文物》1978年第10期，第55页。

② 同上。

对于小三度音程在陕西、山西、河南共同存在的现象，吕骥先生认为这种巧合中蕴含着必然规律。客观存在的现象，使我们有理由相信母系氏族社会时代已经形成了一种小三度的音阶，且这种音阶存在于陕西、山西、河南的氏族社会。据此可以推测，当时已经形成了某种形态的音阶，因为按照一般规律，小三度的陶埙的出现，必然是在小三度的音阶已经存在的情况下，这如同语言的形成早于文字一样。

那么，这种陶埙是否为乐器呢？吕骥先生认为：一音孔的陶埙只能吹出两个音，今天的许多人不会认为这是音乐，但是我们必须承认音乐的概念必然是随着社会生活实践的发展而发展的，氏族社会时代的音乐观念我们现在并不清楚。因此，就不能武断地认为半坡和荆村的陶埙是狩猎用具，是玩具。这种陶埙虽然只能吹两个音，但在先民欢乐的歌舞中吹奏这种陶埙来伴奏时，这种狩猎用的陶埙已经在歌舞活动中完成了乐器的功用，说它是乐器，难道不可以吗？

其后，音乐文物调查组考察了山西万荣荆村出土的一枚新石器时代的二音孔陶埙和太原郊区义井出土的一枚同为新石器时代的二音孔陶埙。两枚陶埙的发音如下：

荆村、义井二音孔埙测音结果

单位：音分

| | 全闭 | 开一音孔 | 开二音孔 |
|---|---|---|---|
| 万荣县荆村陶埙 | $e^2-40$ | $b^2-3$ | $d^3+22$ |
| 太原义井陶埙 | $e^2-20$ | $g^2-3$ | $a^2+20$ |

两枚陶埙都出土于山西省内，两地相距约有三百多千米，可是两枚埙的全闭音几乎完全相同。荆村陶埙所发的三个音构成两个音程，一个完全五度和一个小七度；义井陶埙所发的三个音构成两个音程，一个小三度和一个完全四度。如果把这两枚陶埙所发的音合并在一起，正好构成了五声音阶，与我们今天应用的五声音阶完全相同。

"这五个音可以看成是 G 大调的 3、5、6、7、$\dot{2}$，也可以看成 G 大调的 $\underset{.}{6}$、1、2、3、5，或 D 大调的 2、4、5、6、$\dot{1}$。这两种发音不同的二音孔陶埙的出现，可以认为是陶埙制作的一个飞跃。无论是荆村的，还是义井的，都是在一音孔陶埙的小三度音程之外，增加了一个新的音程，这两个新增加的音程正是在以前的小三度音程上构成一个完整的五声音阶所必须补充的音程。"[①]

吕骥先生认为，这两枚二音孔陶埙在时代上可能略有先后，但在相距三百多千米的地方，并不是偶然的巧合。这说明两个氏族公社的制埙工人都是为了制作能吹出小三度以外的音程而在不同位置上增加一个音孔，进而获得不同的结果。这似乎说明，在母系氏族社会后期，我们的祖先已经有了某种形态的音阶，这种音阶包含了一个小三度。据此，可以推论五声音阶在母系氏族社会后期已经形成了。这两种两音孔陶埙的出现，使我们可以相信，母系氏族社会后期我们祖先的音乐是建立在和我们今天应用的五声音阶基本相同

---

① 吕骥：《从原始氏族社会到殷代的几种陶埙探索我国五声音阶的形成年代》，《文物》1978 年第 10 期，第 57 页。

的五声音阶上的。

二音孔陶埙测音数据还有以下几例：陕西临潼姜寨二音孔埙测音数据显示，此埙开二音孔中的任一孔都得到相同的音高，闭二孔与开一孔构成大二度，开一孔与开二孔也构成标准的平均律小三度，其音列可以是 D 宫系统的"徵—羽—宫"，也可以是 G 宫系统的"商—角—徵"；陕西淳化黑豆嘴二音孔埙吹出的音列由纯四度加大二度构成，可表示为 C 宫系统的"徵—宫—商"，或 $^{\flat}$B 宫系统的"羽—商—角"，或 F 宫系统的"商—徵—羽"等音列；河南尉氏县桐刘二音孔埙虽有四音，但难形成音列。

最后，调查组在甘肃省博物馆测试了九枚玉门火烧沟出土的完好的三孔陶埙。测音结果发现，九枚陶埙的发音，因埙体大小相差较大（最大的几乎是最小的一倍），各埙的全闭音有的相差达一个八度。因各埙的音孔位置基本相同，仅有微小差别，所以四个音所构成的三个音程只有三个埙大致相同，另外六个各不相同。用音叉测音，得出结果如下表（按埙体大小顺序排列）：

九枚玉门火烧沟陶埙测音结果

| 编号 | 体长（厘米） | 全闭 | 开一孔 | 开二孔 | 全开 |
|------|------|------|------|------|------|
| M269 | 8.30 | $g^1$ | $b^1$ | $^{\sharp}c^2$ | $^{\sharp}d^2$ |
| 无号 | 7.70 | $b^1$ | $e^2$ | $^{\sharp}f^2$ | $^{\sharp}g^2$ |
| M216 | 7.10 | $b^1$ | $^{\sharp}d^2$ | $f^2$ | $g^2$ |
| M226 | 6.65 | $d^2$ | $f^2$ | $g^2$ | $a^2$ |
| M201 | 缺 | $^{\flat}d^2$ | $^{\flat}g^2$ | $^{\flat}a^2$ | $^{\flat}b^2$ |

续表

| 编号 | 体长（厘米） | 全闭 | 开一孔 | 开二孔 | 全开 |
|---|---|---|---|---|---|
| M193 | 6.40 | $b^1$ | $^\sharp d^2$ | $^\sharp f^2$ | $^\sharp g^2$ |
| M72 | 5.62 | $g^2$ | $^\flat b^2$ | $c^3$ | $d^3$ |
| M153 | 5.30 | $^\sharp f^2$ | $b^2$ | $^\sharp c^3$ | $e^3$ |
| M233 | 4.85 | $f^2$ | $a^2$ | $b^3$ | $^\sharp c^3$ |

"M269、M216 和 M233 的三个埙，其发音都是大三度音程加两个大二度音程，这样的音程序列在今天的音阶中，特别是五声音阶中是没有的，因此，我们怀疑它们是由于当时的制埙工人还没有掌握音孔的正确位置而产生的结果。因为其余六枚陶埙所吹出的音，都合乎今天我们的七声音阶的音程序列。

"M72 和 M226 的两枚埙都是在小三度音程上加两个大二度，根据它的音高，相当于我们今天 g 小调和 $^\flat$d 小调的 6、1、2、3 四个音。

"M201 的一枚埙是在完全四度音程上加两个大二度音程，按其音高，相当于今天的 F 大调的 5、1、2、3 四个音。另外三个用今天的七声音阶来衡量，各个音程也是正常的。

"M193 的一个埙是在大三度音程上加一个小三度和一个大二度音程，按其音高，相当于今天的 B 大调的 1、3、5、6 四个音。值得我们特别注意的是，如果在吹时气息没有掌握好，这四个音会变成 $^\flat$6、1、2、3 四个音。这使我们想到 M269、M216 和 M233 三枚陶埙的发音完全可能是由于音孔位置的偏离而不符合当时音阶的要求，并不是当时有另外一种为我们所不知悉的音阶。

"M153 的一枚埙是在大三度音程上加一个大二度和一个小三度音程，按其音高，相当于今天的 D 大调的 3、6、7、2 四个音。

"没有编号的那枚陶埙，据甘肃省博物馆的同志说是采集来的，也是火烧沟出土的，因不知出自何墓，故未编墓号。它的发音，是在完全四度音程上加两个大二度音程，按其音高，相当于 E 大调的 5、1、2、3 四个音。"①

对九枚陶埙经过测音和比较后，吕骥先生指出，火烧沟时期的人们已经有了非常清楚的七声音阶的概念。因此，就可以推定七声音阶在玉门火烧沟出土的陶埙制作之前的相当长时期内已经形成。或者认为当时在玉门火烧沟的人们还只认识五声音阶，七声音阶还没有形成。

吕骥先生进一步指出，从这九枚陶埙发音的差异来看，这时候陶埙制作经验还不很多，音孔的位置还在探索中，没有完全固定下来，只有大致固定的位置，因此音高不稳定。并且，陶埙的制作还没有固定的模型，完全凭手工捏制，大小不可能完全一致，尽管音孔位置大体相同，发音仍然各不同。

针对吕骥先生的观点，潘建明认为，音乐学范围内的乐音是指根据特定振动频率的比率而构成优美旋律的乐音，其中互相间的比率关系是最重要的。所谓固定音高或相同音，指的是在同一比率关

① 吕骥：《从原始氏族社会到殷代的几种陶埙探索我国五声音阶的形成年代》，《文物》1978 年第 10 期。

系内各律的实际音高。因此，若从比率关系基本出发点的标准音不能确定的话，也就谈不上这一关系内各律的实际音高。他进而指出："在我们还未能对大量的同时代乐器进行测音分析，从而也不可能看到当时是否存在同一固定音高的倾向的情况下，就不能随意地将一切古代乐器的发音综合起来，并从今天的标准音出发，理所当然地把它们看成是同一关系内的各律来加以考察，这在研究方法上是不合理的。"[①]

当然，对于这次测音结果及吕骥先生的观点，学界也有不同看法，但毕竟这次调查活动对探索我国五声音阶形成年代具有重要的意义，而埙作为最早的乐器之一，为我们研究音阶形成提供了可能。特别是火烧沟陶埙，从与我国音阶发展史方面的关系来看，根据"火烧沟陶埙的发音记谱可分为三种类型。第一种类型就是五声中的宫、角、徵、羽，只缺商，否则便是一组完整的五声音阶。第二种类型则是五声中的羽、宫、商、角，缺徵。从这里我们可以明显看出，我国五声至少在这一时期已经形成无疑"[②]。而陶埙缺音的问题是囿于音孔之限，这是这一乐器本身在发展过程中的必然性。它们在排列上的不同，可能是当时已有了调式概念或是声部的要求。这说明当时也许已有了乐队的萌芽或是陶埙的合奏形式。第三种类型是

---

① 潘建明：《关于从原始社会陶埙探索我国五声音阶形成年代的商榷》，《音乐艺术》1980 年第 1 期。

② 尹德生：《原始社会末期的旋律乐器——甘肃玉门火烧沟陶埙初探》，《西北师范学院学报》1984 年第 3 期。

在音阶第三阶上出现了"清角"。这一类型的三例都在同一级数上出现了"清角"这一个音，而且整个排列顺序和音程关系完全一致。看来这绝不是一种巧合。

甘肃玉门火烧沟出土的陶埙在时间上晚于西安半坡和山西万荣荆村陶埙所属的时期，就是说当西安半坡的无音孔（或一音孔）陶埙出现约三千年后才出现火烧沟的三音孔陶埙，又经过五六个世纪才出现了河南琉璃阁的五音孔陶埙。据此可知，陶埙从最初的无音孔到后来的五音孔，经历了一个漫长的发展演变过程。

从数量上说，火烧沟陶埙多于其他地区。从出土时二十多枚陶埙分布于二十多个墓葬及多佩于人体腰胸部位等情况看来，当时这一地区在陶埙制作和使用方面已有相当规模，并且十分普遍。因而可以推断，当时的人类和音乐有着颇为密切的关系。

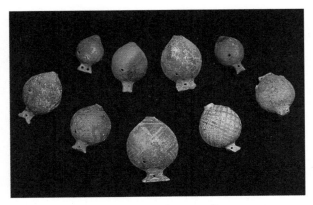

甘肃玉门火烧沟陶埙[①]

---

① 甘肃玉门火烧沟陶埙出土时有 20 多件，距今 3500 年左右，红陶鱼形，有 3 个音孔，大多可发 4 到 5 个乐音。

在形制方面，火烧沟陶埙变早期的管状、球状为扁圆形。这一变革对乐器结构的规范化，特别是发音功能产生了积极的影响和作用。因此，这是一个重大的革新，后期的椭圆形陶埙可能就是在这一基础上产生的。

这批陶埙在发音方面的功能特别引人关注，这是作为乐器最重要的一个方面。经试奏，这批陶埙能发出四个十分清晰的音，且音质纯净，音色柔和。

针对火烧沟陶埙，尹德生认为，人类在认识和改造自然的过程中逐渐创造了音乐艺术，发明最初的鼓、钟、磬等打击乐器和早期的陶埙等吹奏乐器。随着原始音乐艺术的不断发展，这些只能奏出一两个音的乐器已不能适应客观要求，于是出现了我国最早的旋律吹奏乐器——甘肃玉门火烧沟陶埙，它的出现是原始音乐艺术的真正开端。

对此，李纯一先生也提出了自己的观点：

"首先，有音孔陶埙都应被视为按照一定的音阶或调式而制成的旋律乐器，并从而断定在这些乐器出现的时代里已有若干种音阶或调式。

| 谐和种类 | 陶埙 | 音程 |
|---|---|---|
| 三度谐和 | 荆村一音孔陶埙 | $^{\sharp}c^{3}$—$e^{2}$ |
| | 荆村二音孔陶埙 | $b^{2}$—$d^{2}$ |
| | 两枚辉县小陶埙 | $a^{1}$—$^{\sharp}c^{2}$ |
| | 两枚辉县小陶埙 | $^{\sharp}c^{2}$—$e^{2}$ |

| 谐和种类 | 陶埙 | 音程 |
|---|---|---|
| 五度谐和 | 荆村二音孔陶埙 | $e^2$—$b^2$ |
| | 铭功路一音孔陶埙 | $d^3$—$g^3$ |
| | 两枚辉县小陶埙 | $a^1$—$e^2$ |

"其次，根据上表可知当时已在一定的程度上具有三度谐和及五度谐和（或其转位的四度谐和）的观念。"[①]

结合两枚辉县小陶埙的测音结果，李纯一先生进一步指出："这些陶埙发音的一致性显示出商代晚期埙的制造已趋向规格化，进而推知商代晚期可能具有一定的标准音或绝对音高的观念；八个连续半音表明商代晚期已经具有半音观念；如果 $^\#f^2$ 到 $a^2$ 四音确实被使用的话，则其音阶调式已经接近周代；它们具有由 $a^1 \cdot {}^\#c^2 \cdot e^2$ 音阶调式转换为 $a^1 \cdot {}^\#c^2 \cdot {}^\#f^2$ 或 $a^1 \cdot {}^\#c^2 \cdot {}^e2^\# \cdot f^2$ 等音阶调式的可能性，并为我国十二律及其学说的产生准备了必要的前提条件。到了商代晚期，陶埙已经发展成为一种比较进步的旋律乐器，而且已经基本上定型化和规格化，成为后世陶埙的初范。"[②]

## 二、新石器时代埙测音研究可行性分析

埙是研究最初律制可以依据的重要乐器，有学者认为"律之始造，以埙为器"[③]。所谓律制，是指将各律在高度上做精密规定所形

---

① 李纯一：《原始时代和商代的陶埙》，《考古学报》1964 年第 1 期。
② 同上。
③ 牛龙菲：《古乐发隐》，甘肃人民出版社，1985。

成的体系。①

先秦文献中有关新石器时代乐律学内容的记载，主要见于《吕氏春秋·古乐》：

> 昔黄帝令伶伦作为律。伶伦自大夏之西，乃之阮隃之阴。取竹于嶰溪之谷，以生空窍厚钧者，断两节间，其长三寸九分而吹之，以为黄钟之宫，吹曰舍少。次制十二筒，以之阮隃之下，听凤凰之鸣，以别十二律。其雄鸣为六，雌鸣亦六，以比黄钟之宫，适合，黄钟之宫皆可以生之，故曰"黄钟之宫，律吕之本"。黄帝又命伶伦与荣将铸十二钟，以和五音，以施英韶，以仲春之月，乙卯之日，日在奎始奏之，命之曰咸池。②

上述记载论及中国音乐律制的起源问题，《汉书·律历志》《晋书·律历志》《隋书·律历志》《宋史·乐志》等多部典籍都有转载，"伶伦制律"似乎已从"传说"上升为"信史"。

在已出土的新石器时代的乐器中，可进行乐学研究的主要是埙、笛类吹奏乐器和石磬类击奏乐器，埙是研究新石器时代乐学最主要的考古资料。尽管出土乐器残损常常给测音等乐学研究带来障碍，但毕竟给研究新石器时代的乐学提供了依据，随着科技的发展和考

---

① 缪天瑞：《律学》，人民音乐出版社，1996，第 1 页。

② 许维遹撰，梁运华整理：《吕氏春秋集释》，中华书局，2009，第 120 页。

古实物的不断发掘，对新石器时代乐学的研究将更加深入。

吹奏乐器测音，难以排除人为因素，如吹奏角度的变化、口风控制的差异、按孔虚实不同，都会对测音结果产生较大影响。以埙为例，同一指法，口风力度与角度的不同，可以吹出相差二度、三度甚至四度的音程。

陶埙测音过程中的指法规范问题也会影响测音结果。对新石器时代音孔数量较少的陶埙来说，指法变换的可能也较少，但对于音孔数量较多的陶埙，指法规范问题就显得较为突出。

目前出土的新石器时代陶埙，多数存在残损，对其中基本完整的可进行多次测音，但对于那些残损较严重的则难以达到同一标准。"在地下埋藏数百至数千年的古乐器，几乎不可避免地会有不同程度的残损；而任何残损，都会影响到乐器的音响性能。这种影响的大小，不仅在于发音体的残损程度，还在于其残损的部位和性质。"[①] 这种由客观条件造成的测音次数过分失衡，也会影响到乐学研究的科学性与准确性。

那么，新石器时代出土的乐器究竟是否具备律制研究的可能呢？从目前已知新石器时代出土陶埙测音情况来看，测音数据差异较大，测音规范也未形成，在此条件下探讨其律制确实恐难成说。但由于新石器时代陶埙实际的使用情形，今天已无从知晓；乐器上发音的可能性，与当时的音乐实践究竟存在着多大的距离，我们也

---

① 王子初：《音乐测音研究中的主观因素分析》，《音乐研究》1992 年第 3 期。

不得而知。不过，毕竟陶埙测音给我们了解新石器时代的音乐提供了重要的信息。人类对音响世界规律的认知和揭示在不断深入，诸多不同意见的研究成果力求细致严谨。陶埙的测音结果是我们研究古代音律最直接的依据，从这一点来讲，新石器时代陶埙测音对古代音乐史研究具有重要的意义。

## 第二节　商埙的测音分析

### 一、商埙的测音报告

埙在殷商时期得到进一步发展，在商代晚期基本定型。随着埙从夏的一音孔、二音孔朝着三到五个音孔发展，埙文化和乐律、音阶文化也随之深入发展，具有划时代的意义。

由于埙在音高上存在可变性，测音的主观性也很强，吹奏者在吹奏音阶的过程中很容易受到自己主观的控制，俗称"找音"。因此，探讨埙的音律问题是比较难的，但我们可以通过埙具体的测音数据去了解其音阶构成。

在西方乐音体系中，两个音级在音高上的相互关系叫作"音程"。在十二平均律条件下，每两个半音音程之间的相差是100音分，小二度之间的相差值就是100音分，大二度之间的相差值就是200音分，小三度之间的相差值就是300音分，以此类推。

张艳在其硕士论文《商代埙的音乐学研究》中，在前人提供的测音数据基础上，对埙进行具体的分析和研究。

　　通过测音数据得知，偃师二里头陶埙开孔音和按孔音之间的相对音分差是193音分，那么它比大二度的音分值低了7音分，但它们属于音位上的哪一种结构我们却无从知晓。

　　郑州纺织机械学校陶埙开孔音和按孔音之间的相对音分差是273音分，它比小三度的音分值低了27音分，因此能发出相距小三度的音程关系，可以构成角—徵或者是羽—宫结构。

　　郑州铭功路陶埙开孔音和按孔音之间的相对音分差是392音分，它比纯四度的音分值低了8音分，可以构成音位上的角—羽或者是羽—商结构。

　　李纯一先生通过测音数据认为，新乡辉县琉璃阁的两枚小陶埙音列结构比较规则，能发出包含在大十度以内的十一个音。它们一共测得了三十二个音分别位于十一个不同的音位上，可以形成 $a^1$、$^\#c^2$、$e^2$、$^\#f^2$、$g^2$、$^\#g^2$、$a^2$、$^\#a^2$、$b^2$、$c^3$、$^\#c^3$ 十一个音，构成A宫系统的"宫、商、角、徵、羽、加一变宫"。

　　王子初先生认为："辉县琉璃阁区出土的两枚商代晚期的小陶埙测音结果相同，均可得出三十二个按孔方法和十一个高度不同的音来，这十一个音分别为：$a^1$、$^\#c^2$、$e^2$、$^\#f^2$、$g^2$、$^\#g^2$、$a^2$……但这不能说明古人的音乐就由这十一个音构成。也许，他们只是使用其中的部分音来构成他们的曲调。"[1]

　　李纯一先生针对殷墟妇好墓埙的测音数据指出，殷墟妇好墓其

---

　　[1] 王子初：《音乐测音研究中的主观因素分析》，《音乐研究》1992年第3期。

中一埙一共测得了三十二个音，分别位于十二个不同的音位上，音列结构从整体上看比较规则，指法相对简单，形成 " $a^1$、$c^2$、$d^2$、$^\#d^2$、$e^2$、$f^2$、$^\#f^2$、$g^2$、$^\#g^2$、$a^2$、$^\#a^2$、$b^2$ " 十二个音，包含在大九度之内，构成C宫系统的"宫、商、角、徵、羽，加一变徵和变宫"。殷墟妇好墓这一陶埙在实际演奏中可能是以四声羽调为主，同时也会运用变徵。

从目前得到的测音数据可知，商代埙的音阶经历了一个由简单到复杂的发展过程。出土的商代早期埙都是二声结构；商代中期埙可以推断应当具备四声音列结构；出土的商代晚期埙，由于形状的定型及按音孔数量的增加，其音乐性能得到较大的提升。

从音高、音程的特征来说，商代先民已经有相对准确的绝对音高意识，如安阳小屯村殷墓以及辉县琉璃阁埙均是将a作为基音，琉璃阁两枚小陶埙音高基本都相同。墓葬中还出现了晚商时期的大小埙一起出土的现象，而且大小埙在音高关系上有一定的规律。如琉璃阁编号为 M150：37 与 M150：38 两枚陶埙的发音相同，并与同出土的大埙在音高之间只相差大三度。目前测音的商埙全闭孔音大多数是G，音程关系由最初的小三度、大三度、纯四度、纯五度逐渐向大二度、小二度发展，说明先民们可能对音程的谐和到不谐和的认识已经有了一定的把握，并且运用于实践。

从音列、音阶以及调式特征来说，目前测音结果显示，晚商埙的音阶结构应是多调式的，有四声宫调式的宫、角、徵、羽，有四声羽调式的羽、宫、商、角，有五声角调式的角、徵、羽、宫、商，这三种调式在商代晚期应该是比较常用的。晚商埙几乎都是五音孔，用不同的按音指法可以得到十多个连续升高的乐音，而且一大半是呈半音递进。从妇好墓、琉璃阁陶埙吹奏测音的情况来看，高音是很难被吹奏的，所以运用的概率并不是很大，而且商代先民们是否会用全这些音，也无从得知。但是，埙测音发出的这些音，特别是其中的半音渐进，似乎可以说为中国古代的十二律做了基础准备，也说明在先秦时期就已经形成中国五声音阶与七声音阶。[①]特别是根据殷墟埙的测音，黄翔鹏先生认为：至少在晚商时期，我国已经出现了完整的七声音阶。[②]李纯一先生也指出："殷墟埙是一种偶用五声和二变但以四声为主并可以进行简单转调的新式埙，殷墟埙反映出殷人具有多种音程、调式和调性等观念，这就为发明十二律准备了一定的必要前提条件。"[③]

埙从原始社会的一音孔发展到商代的五音孔，音阶变化经历了远古时代的三声、四声、五声到了殷商之际趋于七声音阶的过程，说明商代埙已经成为一种能演奏旋律的乐器了，其演变过程体现了音阶调式的建立及发展的过程。

尽管"目前发表商代埙的测音结果，大多在指法组合上过于简略，远远达不到三十二种指法的要求，不能客观反映埙的音响情

---

① 张艳：《商代埙的音乐学研究》，硕士学位论文，河南师范大学，2018。

② 黄翔鹏：《新石器和青铜时代的已知音响资料与我国音阶发展史问题》，载《溯流探源——中国传统音乐研究》，人民音乐出版社，1993，第 13 页。

③ 李纯一：《先秦音乐史》，人民音乐出版社，2005，第 64 页。

况，因而也不能满足测音研究的需要"①，但商埙的测音研究毕竟
为我们了解商代音乐打开了一扇窗户。

### 二、商埙与同出土乐器反映的商代社会音乐生活

从目前已出土的商代乐器的情况来看，埋藏的方式大体上有四
种：祭祀坑、遗址、窖藏和墓葬。

商代一些规格较高的墓葬中，都会有乐器出现。出土的商代乐
器中主要有庸、鼓、磬、镛、埙、铃等，②而埙多是以单件出土，
也出现了两件以上商代晚期埙一起出土的情况。

埙和其他乐器组合出土不是很多，目前有西北岗王陵区M1001
出土的一件白陶埙、一件骨埙以及一些石磬的残片，另外就是妇好
墓出土的两件特磬、三件编磬、五件铜庸、三件陶埙以及部分铜
铃。由于许多墓葬都被盗墓贼"光顾"过，原有的乐器组合形式已
经被扰乱，给商代乐器组合研究带来许多困难。我们只能从仅存
的、保存完好的妇好墓来分析。

殷墟妇好墓是出土乐器数量、种类最多的一个墓葬，其中有五
件石磬、五件铜庸、三件陶埙以及部分铜铃。殷墟妇好墓的五件石
磬无论是从出土位置、形制、纹饰等方面上来看，都有差异。首先
这五件石磬出土的位置不一样，分别位于墓葬的不同层。

---

① 方建军：《出土乐器测音的几个问题》，《音乐艺术》（《上海音乐
学院学报》）2008 年第 4 期。

② 庸和镛是两种不同的钟类乐器，庸主要出土于黄河流域，镛主要出土
于长江流域。两种乐器在形制上较相似，但在大小、体积、重量以及用途方面
都有差异。

　　妇好墓的五件铜庸的组合关系也备受关注,李纯一、方建军、王子初等学者认为是五件一组的组合方式。如李纯一曾指出:"亚弓庸,出土于殷墟小屯村的妇好墓,为五件一组的形式。"[①]方建军先生认为:"这种编铙的组合形式与商代晚期出土的埙、编磬等一墓所出多是三件或是五件一组,可能在当时已经成为一种通行的乐队编制和配器方式。"[②]但也有学者认为是两套编庸,如朱凤瀚曾提道:"妇好墓的五件铙应该是两组的组合形式,并非同组,即有铭文的两件铙是属于另外一组的。"[③]

　　姑且不论编磬和编庸的组别,从妇好墓出土的乐器中可以看出,特磬、编磬和编庸均是打击乐器,陶埙是吹奏乐器,由此,就形成了吹奏乐器和打击乐器之间的组合关系。从音高来看,与特磬、编磬、编庸相比,埙的音高范围更广,应是充当演奏旋律的角色。加上特磬、编庸等乐器的合奏,音乐的表现力会更加丰富。这种乐器的组合方式形成了早期的"金石之乐",为周代大型钟磬之乐的发展奠定了基础。

---

① 李纯一:《先秦音乐史》,人民音乐出版社,2005,第 64 页。
② 方建军:《地下音乐文本的解读》,上海音乐学院出版社,2006,第 131 页。
③ 朱凤瀚:《中国古代青铜器》,南开大学出版社,1995,第 234 页。

# 第三节　两周埙的测音分析

## 一、西周埙的测音分析

相比新石器时代与商代，西周时期的埙出土较少。目前，仅知洛阳北窑西周墓地 M341 号墓出土的两枚陶埙。北窑陶埙的形制和音阶构成均承自晚商。方建军先生测音研究表明，北窑陶埙的音域超过一个八度，具备五声音阶，并有一些变化音，为西周礼乐使用商声提供了新的例证。

北窑陶埙 1964 年出土于洛阳北窑西周墓地，北窑陶埙一枚（M341: 7-1）保存较为完好，另一枚（M341: 7-2）吹孔略有残缺。两枚埙都有五个音孔，通高、底径均相等。

北窑埙的形制与殷墟和琉璃阁商埙完全相同，都是鼓腹的小平底，埙体有音孔五个，前三后二。前面三个音孔呈倒"品"字形排列，后面两个平行一字排开，表明周埙是在继承商晚期埙的基础上发展而来。

从方建军先生对北窑埙的测音结果看，不同指法有一些共同音存在。经过筛选，将保存完好的 M341: 7-1 的音高及其听觉印象排列如下：

1.　${}^{\#}G^{5}$–38　羽

2.　$B^{5}$+ 2　宫

3.　${}^{\#}C^{6}$+ 13　商

4. $D^6 - 27$　　徵曾

5. $^{\#}D^6 + 15$　　角

6. $F^6 - 16$　　变徵

7. $^{\#}F^6 - 20$　　徵

8. $^{\#}G^6 + 42$　　宫曾

9. $^{\#}G^6 - 12$　　羽

10. $A^{6\#}A^6 - 9$　　闰

11. $^{\#}A^6 - 36$　　变宫

以上共有十一个音高。不过，根据我们的演奏经验，开四或五个指孔所得音高较难快速变换指法来吹奏。按理说，商周埙五个指孔的设计，必有其实用价值，每个指孔一定会有使用的概率，否则五个指孔的设计便失去意义。但实际演奏时，五孔全开，演奏者双手持埙的稳定性不强，且这种指法所得音最高，因而较难吹出音响。仅开后二孔，也较难保持埙体的稳定，这种指法使用的可能性也应该不大。而五个指扎单独开孔以及开三孔以下的指法组合，演奏时较为便利，应该有更多的使用机会。因此，恐怕只有羽—宫—商—角—徵构成的五声音阶才是经常演奏所用，而变化音中的徵曾、变徵、宫曾和变宫（埙的最高音），恐怕也只有变徵具备使用的可能。①

北窑陶埙羽—宫—商—角—徵的音阶结构，在商晚期埙上也有所见，这表明周埙不仅在形制上承自殷商，而且在音阶结构上也继

---

① 方建军：《洛阳北窑周埙研究》，《中国音乐学》2008 年第 3 期。

承商晚期埙的传统。

方建军先生对北窑陶埙 M341: 7-2 的测音表明，虽然该埙吹孔有所残缺，但仍可以吹奏。从音高及听觉印象排列，共有十个不同的音高，比第一件埙少了一个音，即 $^\#C^5$，其中常用的音阶可能是徵—羽—宫—商—角，偶有可能使用清角和变徵二音。

方建军先生对北窑陶埙进行了两次测音，发现其低音区音阶结构都是羽—宫—商—角。北窑埙的音域超过一个八度，其音区在小字二组至小字三组之间，且只有低端两个音在小字二组，其余各音均在小字三组。北窑所出两件小埙与商晚期小埙一样，音色高亢而嘹亮，适于演奏清新明快的音调。

陶埙是吹奏乐器中受外界干扰最大的乐器。由于其边棱乐器的特性，在运用相同指法的基础上，口型和送气的力度、速度、角度等因素的变化都能产生非常明显的音高变化。有时这种变化甚至能够达到四度左右。同时，正是由于埙这种乐器音高的可变性，在吹奏过程中的音阶很容易受到吹奏者主观意识的控制，也就是会产生所谓的"找音"现象。综合以上情况来看，很难对埙这种乐器展开音律研究，埙的具体测音数据如频率值、音分值等仅具有一定的参考意义，要研究埙的音阶与具体演奏方法，必须要结合耳测与指法的实际组合情况。①

---

① 方建军：《出土乐器测音研究的几个问题》，《音乐艺术》（《上海音乐学院学报》）2008 年第 4 期。

### 二、东周陶埙音乐性能研究

相对西周，东周陶埙存世较多，如新郑郑韩故城陶埙、新郑热电厂东周遗址陶埙、新郑土地局东周遗址陶埙、新郑热电厂590号墓陶埙、新郑金城路陶埙、山东章丘女郎山战国墓陶埙、湖北荆州熊家冢楚国墓地陶埙、新郑博物馆藏七音孔陶埙等。此外，2018年，在陕西省澄城县刘家洼发现的五音孔陶埙也是东周（春秋早期）的遗物。

张健在《东周陶埙研究》一文中，按照排列组合公式在测音中吹奏埙的所有可能发音，获得所有的指法组合，再根据具体的音高情况，结合具体演奏情况，考虑指法排列的可能性，把测音研究与实际演奏相结合，探讨埙的演奏方法与音乐性能。

通过对郑国祭祀遗址1号坎埙所有指法组合的音分与频率值、陶埙听觉印象、陶埙加俯吹听觉印象、陶埙推测指法顺序等测试与分析，可知：

第一，郑韩故城出土陶埙主要有二音孔、三音孔和四音孔三种。二音孔陶埙平吹最少能发三声，最多能发四声，若加入俯吹的话则可发五至七声不等。三音孔陶埙平吹可发五声，加入俯吹则可发六声。四音孔陶埙平吹可发七声，加入俯吹后可发七至九声不等。

郑韩故城陶埙音域皆在一个八度之内，这与陶埙的音孔数量相关，可能为满足祭祀和民间娱乐的需求。这一批陶埙音区高，演奏起来高亢嘹亮，声音古朴神秘、穿透力强，应为高音旋律乐器。邻音之间为大二度和小二度关系，具有简单转调功能。

第二，郑韩故城中行祭祀遗址陶埙和热电厂等的两组陶埙中，陶埙之间不仅仅音阶模式有着一定的统一性，有的在宫调上甚至也是统一的，这反映出工匠在制作陶埙时遵循了一定的模式，对于陶埙的音乐性能有一定的标准规范。

第三，郑韩故城中行祭祀遗址六枚陶埙平吹都可发出宫调式、徵调式和羽调式音阶，若对比加入俯吹后的音阶，则都可发出宫调式和徵调式音阶。热电厂等的四枚陶埙平吹皆可发出羽调式音阶，若加入俯吹后则都可发出徵调式音阶。若将中行祭祀遗址陶埙和热电厂等的四枚陶埙对比来看，平吹都可发出羽调式音阶，加入俯吹都可发出徵调式音阶。俯吹是边棱乐器通过变换口风与吹奏角度能够产生更多音的一种特殊演奏方式。通过吹奏实验发现，并不是所有的陶埙都能俯吹，也并不是所有的俯吹都易发音，但能够俯吹的陶埙通过变换口风和角度能够吹出一到三个音，所以俯吹并不是一种非常稳定的演奏方法。①

通过对郑韩故城十枚陶埙的测音分析，从音阶和调式上可以看出，十枚埙中相同音阶、相同宫调的埙有三组，这不仅说明郑韩故城出土陶埙有一定的制作规范，也说明制作者和使用者对于固定音高和宫调有清楚认识。十枚陶埙音响性能较佳，音区高，演奏起来高亢嘹亮，适合作为旋律乐器使用。邻音之间表现出大二度和小二度的音程关系，可以完成简单转调，可证明其音乐性能达到了一定

① 张健：《东周陶埙研究》，硕士学位论文，天津音乐学院，2016。

高度。

从殷商到周代，在不断的音乐实践中，五声音阶及七声音阶开始越来越多地被运用。五声音阶的观念逐步确立，七声音阶中各个音级也有了各自的音级名称。

经过商周的长期发展，人们开始了对"律"的计量研究。东周（春秋战国）之际的《管子·地圆篇》记载了生律的科学理论"三分损益法"，用此方法求得五声音阶中宫、商、角、徵、羽五音。为了合乐和旋宫的需要，当时又发明了"十二律"。十二律的建立，使旋宫成为可能。

周代律调理论体系的形成，可以说标志着我国古代当时音律科学的发展已经达到了一个相当成熟的阶段，同时也充分展现了古代人民在音律科学方面的非凡智慧。

随着周代宫廷乐师创造了十二律，人们对音乐的听觉审美也由感性阶段进入了理性阶段。此后音乐的审美不单单只是纯粹听觉的生理因素，它更多地包含了社会音乐文化"文而化之"的音乐审美心理因素。

从只能发单一音的河姆渡陶埙到周代五声音阶及七声音阶的使用，充分说明了古人音乐审美的听觉进化过程是一个漫长的历史渐进历程。

### 三、两周埙与同出土礼乐器的组合关系

#### 1. 陶埙编钟组合情况

新郑郑韩故城祭祀遗址是郑国举行国家级重大祭祀的地点，遗

址出土的六枚陶埙与出土的编钟形成一定的组合关系。"这十一套
编钟均为每套二十四件，采用编镈一组四件，编钮钟两组各十件的
配置方式。"[①]

　　张健根据编钟和陶埙的测音数据，与王子初得到的郑国祭祀遗
址编钟规范音列加以比较发现，只有 K1 和 K9 坎陶埙在加入俯吹
后能够形成 G 宫羽调式，可以与编钟合奏，除此之外无一满足，并
指出具体在实际演奏中采用哪一种，要依当时的演奏习惯和与合奏
乐器的配合情况而定。但探讨两种乐器的合奏可能性，首先要保证
两种乐器在宫调上的一致性，再根据宫调去选择陶埙相应的音列。
K1 和 K9 坎陶埙加入俯吹后能够与编钟共同在 G 宫调式上演奏，
但俯吹属于特殊情况，不能肯定古人在实际演奏中应用俯吹，况且
在除去俯吹的情况下六枚陶埙与同出编钟皆不能同调。考虑到以上
因素，同出一坎的陶埙和编钟是否可以合奏，是否存在音乐上的组
合关系，就值得进一步探讨了。[②]

### 2. 陶埙与编钟关系

　　张健在其论文中指出，从现有出土陶埙与编钟的关系来看，编
钟与陶埙的组合并没形成普遍性规律，第 4 坎、14 坎和 17 坎为何只
有编钟而没有陶埙出土？为何同坎编钟与陶埙在调性上无法匹配？

　　就第一个问题，可能存在如下情况：就有编钟与陶埙同出的祭

---

　　① 王子初：《郑国祭祀遗址出土编钟的考察和研究》，载河南省文物考
古研究所：《新郑郑国祭祀遗址》，大象出版社，2006，第 951 页。

　　② 张健：《东周陶埙研究》，硕士学位论文，天津音乐学院，2016。

祀坑来看，是否是在填埋过程中遗漏了陶埙呢？从出土方位上，陶埙或在编钟腹腔之内，或紧挨在编钟之上，表现出一种紧密的组合关系，而确有第 4 坎、14 坎和 17 坎只有编钟而没有陶埙的情况。九套编钟有三套没有配以陶埙，这种情况占到了总数的三分之一恐怕就不是特例了，故这种可能性不大。是否在祭祀过程中由于一些特殊原因没有埋葬呢？这种可能性也不大。先秦之人有祭祀传统，在祭祀活动中使用的礼器乐器又有就地埋葬的习俗。这一点在先秦各国的祭祀遗址中都不鲜见。新郑发现的郑国祭祀遗址是郑国王室祭祀社稷之址，祭祀之物均是对社稷神明的奉献，古人将祭祀与国运看作休戚相关之事，恐怕也不会儿戏。况且从价值上看，贵重的编钟都已埋葬，陶埙的价值与编钟自然无法相比，故不应该存在祭而不埋的情况。是否在埋藏过程中因为保存问题而风化腐烂？从出土情况来看，九套编钟保存情况均较完好，再考虑到陶埙的材质，相较编钟更易于保存，编钟完好但陶埙损坏，虽不排除这种可能，但可能性亦不大。张健认为，就组合情况来看，陶埙与编钟的组合存在着一定程度上的随机性，可能不是一种固定的模式。

就第二个问题，可能存在如下情况：结合测音数据我们可以发现，同出陶埙与编钟并不存在调性上的统一性。第一种可能是，陶埙和编钟在祭祀活动中并非作为实际乐器使用。从王子初发表的《郑国祭祀遗址出土编钟的考察和研究》来看，这几套编钟虽然在形制上保持了一定的统一性，但在制作工艺、调音工艺、音乐性能等方面依然存在着差距。一些编钟制作工艺较为粗陋，也没有进行调音，故是否在祭祀过程中作为实际乐器使用存在着疑问。而出土的陶埙形制统一，音阶规范，应皆可作为实际乐器使用，但考虑到与编钟的组合情况，是否在祭祀活动中作为演奏乐器使用就存在疑问了。郑国从春秋中期到后期经历了由盛转衰的过程，在国力日衰的状况下很难支持祭祀活动的庞大开销，被划定为春秋晚期的几套编钟在制作上都不同程度表现出了粗陋，也不同程度证明了这一事实。这一时期的祭祀活动可能会体现出一种"有祭祀之名，无演奏之实"的特征。但就制作最为精良的第 16 坎编钟来看，又很难说这不是一套实用乐器。为何第 16 坎中的编钟和陶埙也不能同调呢？况且从出土情况看，陶埙与其关系紧密，陶埙与编钟的这种组合应不是随意为之，但调性不同的两件乐器如何组合呢？抛开今人的音乐审美来看，笔者认为一种可能是编钟与陶埙在两个不同的调性上演奏，古人或许追求这种不谐和的音响效果，或利用这种不谐和的音响效果达到某种特殊目的亦未可知。

第二种可能是由于祭祀音乐单音性的特征比较明显，调性和旋律因素不再突出。只要编钟与陶埙能在不同的调性下发出相同的单音或以不同的音高形成某种音程关系就能满足演奏需求。

第三种可能是古人在祭祀活动中利用的是乐器之"声"而非乐器之"音"。祭祀之声可能不同于平常之乐，因此只是追求不同乐器在音色上的差异而不注重旋律上的结合。

第四种可能是编钟与陶埙并非同一时间演奏，或是各自出现在祭祀活动中的不同环节、不同时段，这样调性的差异在演奏过程中就体现得不甚明显了。

以上对于编钟与陶埙的组合分析都只是推测。就实际出土情况来看，编钟与陶埙的组合恐怕不是祭祀活动中的一种固定模式。即使在音乐上存在一定的组合，也比较灵活，具体情况还有待进一步考古发现证实。但可以看出的是，编钟与陶埙同时都作为祭祀活动中的乐器使用，配合礼器体现了春秋时期诸侯的祭祀规制，用实物再一次证明了春秋时期礼乐制度在祭祀中的应用，同时也证明了陶埙不论在庶民中间还是在重大的祭祀活动中被使用的广泛性。

通过对陶埙与编钟组合关系的分析可知，陶埙存在与礼乐器的组合关系，但这种组合可能并非一种固定模式，其具体作用有待进一步研究。陶埙或以较为灵活的形制作为礼乐文化中的一个组成单元，同时又兼具娱人之乐的功用。

### 四、陶埙测音对构建我国古代音阶构成的重要意义

陶埙的测音对构建我国古代应用律学体系具有重要的意义，梳理已知测音资料，探求并归纳上古人类的乐律思维观念，可以更深刻地洞悉上古人类音乐实践的自然性、审美愉悦性和科学性特征。

上古时期吹奏类乐器（陶埙）测音资料统计表 [①]

| 序号 | 名称 | 出土文化时期 | 测音数据 |
| --- | --- | --- | --- |
| 1 | 山西万荣县瓦渣斜出土无音孔埙 | 仰韶文化 | 1 |

[①] 郭树群：《上古出土陶埙、骨笛已知测音资料研究述论》，《天津音乐学院学报》2018年第3期。

续表

| 序号 | 名称 | 出土文化时期 | 测音数据 |
|---|---|---|---|
| 2 | 山西万荣县瓦渣斜出土一音孔埙 | 仰韶文化 | 2 |
| 3 | 山西万荣县荆村出土二音孔灰陶埙 | 新石器时代 | 2 |
| 4 | 湖北黄梅县博物馆藏一音孔陶哨 | 新石器时代 | 1 |
| 5 | 陕西西安半坡村出土一音孔埙 | 仰韶文化 | 2 |
| 6 | 山西万荣县瓦渣斜出土二音孔埙 | 仰韶文化 | 3 |
| 7 | 河南郑州旮旯王出土一音孔陶埙 | 龙山文化 | 2 |
| 8 | 甘肃泾川店庄出土一音孔埙 | 新石器时代 | 2 |
| 9 | 陕西西安姜寨 358 号墓出土二音孔埙 | 仰韶文化 | 2 |
| 10 | 山西襄汾陶寺遗址出土二音孔埙 | 龙山文化 | 4 |
| 11 | 山西太原义井村出土二音孔埙 | 新石器时代 | 3 |
| 12 | 重庆巫山出土一音孔埙 | 新石器时代 | 1 |
| 13 | 河南尉氏桐刘出土二音孔埙 | 龙山文化 | 4 |
| 14 | 甘肃玉门火烧沟遗址出土三音孔埙 8 枚 | 齐家文化 | 54 |
| 15 | 河南偃师二里头遗址出土一音孔埙 | 商代早期 | 2 |
| 16 | 河南郑州纺机校出土一音孔埙 | 早商 | 2 |
| 17 | 河南郑州铭功路出土一音孔埙 | 二里岗文化 | 2 |
| 18 | 河南辉县琉璃阁出土五音孔埙 2 枚 | 殷墟文化二期 | 64 |
| 19 | 河南安阳殷墟小屯五音孔埙 3 枚 | 同上 | 128 |
| 20 | 河南安阳殷墟西北岗出土骨质五音孔埙 | 同上 | 32 |
| 21 | 河南安阳殷墟西北岗出土白陶五音孔埙 | 同上 | 32 |
| 22 | 河南安阳后岗出土三音孔埙 | 同上 | 6 |
| 23 | 河南安阳刘家庄出土三音孔埙 4 枚 | 同上 | 25 |
| 24 | 河南洛阳征集五音孔埙 | 同上 | 32 |
| 25 | 河南省博物馆藏红陶刻花二音孔埙 | 商代 | 4 |

| 序号 | 名称 | 出土文化时期 | 测音数据 |
|------|------|--------------|----------|
| 26 | 河南新郑七音孔陶埙 | 东周 | 22 |
| 27 | 上海博物馆藏韶埙 | 战国 | 7 |
| 合计 | 41 件 | | 439 |

李纯一先生在利用上古出土乐器已知音响资料进行音程关系、调式、音阶规律的分析、探寻时非常审慎严谨，树立了音乐考古学意义上使用已知音响资料的典范。特别是，他还在音乐学界首次提出并实践对古乐器音高进行"约算"的音响学方法和公式。①为探索古乐器音响规律提供了有效的途径。

方建军先生也是较早利用出土陶埙的已知测音资料进行音乐学研究的学者之一。他认为："新石器时代，埙的音阶构成中，邻音音程主要建立在大、小三度和纯五度关系的基础上，小三度音程使用较多，纯五度、纯四度或大二度应次之，这或许反映了先民们对谐和音程的经验性认识并在制埙实践中的应用。"②这是从陶埙的已知音响资料归纳出的推论。方建军先生还注意到当代民歌音列与古代陶埙音列的关系，体现出鲜明的逆向考察意识。他较早地注意到利用陶埙的已知音响资料来探求当时人们的音律观念。

孔义龙是近年较全面地梳理已见发表的上古时期陶埙测音资

---

① 李纯一：《中国上古出土乐器综论》，文物出版社，1996，第357页。
② 方建军：《先商和商代埙的类型与音列》，《中国音乐学》1988年第4期。

料，展开音响规律探寻的尝试者之一。他通过梳理已知陶埙的测音资料，分别归纳出它们所能够发出的音程、音列关系，从而认为"陶埙的制作和音阶的发展是感性经验的结果，以实践为基础。其音列多样化、音阶多声化，为后世特别是周代钟磬乐音列的设置提供了选择的余地与宝贵的经验，并使钟磬乐音列从早期的感性实践中总结出数理规律来"①。显然他是通过查找陶埙的发音规律，去探求钟磬乐这种制作更为规范的上古乐器的音响学规律。但他以陶埙的测音资料作推断标准的构想和理论实践，却反映了新时期学界乐律学研究充分运用已知测音资料，深入探求音响规律的学术研究趋势。他通过这项理论研究的实践感到"从西安半坡村的一音孔埙生成的小三度开始，发展到二音孔埙便出现五种三音音列形态，分别由大二度、小三度与大三度、纯四度、纯五度连接而成。三音孔埙就出现了五音、六音或七音音列，到五音孔埙甚至出现了十一音。不管古人对乐音选择有多大的差异，他们的选择余地随着埙乐器按音孔的增多而不断扩大已是一个客观存在的事实"②。

商代已有了一吹孔、五按音孔的陶埙，考古实物为河南安阳小屯殷墓出土的五丁陶埙和辉县琉璃阁殷墓出土的陶埙。测音结果证实，两处的陶埙都能发出完整的五声音阶了，并且还出现了二变声。由此，我们可以推断，此时的陶埙已经成为一件能演奏复杂旋

---

① 孔义龙：《我国早期陶埙的乐音选择与多声形态》，《艺术探索》（《广西艺术学院学报》）2007 年第 5 期。

② 同上。

律的乐器了。由于目前史学家们的看法缺乏确证，尚难以定论，但从五丁陶埙和辉县陶埙测音显示出的七声结构来看，至少说明了七声结构也是我国具有悠久历史的音阶形式。

从音乐声学研究的意义来讲，埙作为胴体积气类吹奏乐器，在经历了无音孔到一音孔到三音孔等发展过程后，逐渐探索出可以吹奏比较完整旋律的乐器功能。尽管其在漫长的历史中不断式微，却给研究远古音乐形态提供了重要的参照，通过对埙的测音研究，我们可以探寻远古音乐的形成与发展，揭开音阶演变的面纱。

第四章

敬神娱人：埙的社会功能

# 第四章　敬神娱人：埙的社会功能

　　埙，这一拥有"人类乐器始祖"之称的吹奏乐器，在数千年的历史长河中，被广泛运用于祭祀、墓葬、占卜、饮食，以及宴飨等场合。所以，埙与一般意义上的乐器用途和功能有很大的不同，它被赋予了特殊的文化内涵和社会意义。

　　从人类社会发展的历史进程上论之，也可以肯定地说，新石器时代，华夏先民创造的精神文化首先是原始宗教。原始宗教可以统称为礼乐文明，实现礼乐文明亦即宗教过程所需要的就是"礼乐之器"，埙是实施"礼"的过程中所必需的乐器。

　　埙，作为乐器，在原始社会的新石器时代就产生了。今天的埙是原始社会埙文化的发展和延伸，它以一种物质形态的存在方式而延伸着，蕴含着深刻的民族精神文化。在数千年的历史演进中，它的意义指向当然有所变异。历史上出土的埙与今天所制作的埙除了音孔（音位）的不同之外，自然也会有着音质的不同，从文化学意义上论，那只是文化本体与变体的关系。

　　历史文献中的记载，为今天研究埙的文化含义提供了重要的依据。从古代文献记载埙产生的时间、形制、宗教礼法等内容上判断，说埙为原始社会晚期即相当于新石器时代的文化遗存是准确的。[①]

埙的起源与先民的劳动生产活动有关。最初可能是为模仿鸟兽叫声而制作的，用以诱捕猎物。由于其音色多有苍凉、肃穆之感，又能营造凄厉、魔幻恐怖的效果，因此在各种宗教仪式或者巫术活动中，埙充当的是礼器的角色，成为一种用来与神灵沟通的通天神器。后随着社会的进步而演变成单纯的乐器。

## 第一节　乐以助祭：作为神器的埙

先秦时期，祭祀是人类日常生活中重要的事项，乐舞表演是祭祀中必不可少的元素。埙作为古老的吹奏乐器之一，在河姆渡遗址中就已出现。河姆渡遗址出土物中，有蝶形器、埙、连体双鸟纹骨器等，这些都可以称为"礼器"。它们与原始宗教有着直接或间接的关系，它们的物质形体所承载的是原始人类的思想和精神。

河姆渡遗址埙与玦、稻米（炭化）、稻谷壳（炭化）以及禽兽骨等一起出土，足以说明埙作为宗教祭祀的神器的重要作用，也可以理解古人何以认为"埙，阴阳之和声也"。

"和"的观念在中国上古社会源自音乐和饮食，埙与稻米、禽兽骨一起出土便是印证。"和"源于"龢""盉"，其基本义为应声相和、应答。《庄子·齐物论》载"前者唱于而随者唱喁，泠风

---

① 周延良：《河姆渡遗址出土玦、埙与原始宗教礼法》，《中国历史文物》2009 年第 6 期。

则小和，飘风则大和"，讲的是声音之和。在此基础上，"和"又可从一般的声音之和升华为音乐之和。《庄子·天下》曰"乐以道和"，"和"与"龢"有着深厚的渊源，"龢"字表示乐器，因而"和"与音乐有着密切的联系，可表示为音乐的"和谐"。

中国文化中的"和"意识源于原始仪式中的人神和谐，而人与神的沟通是通过狂热的仪式活动来实现的。原始仪式是歌、舞、乐、饮食（很多仪式有祭品）等的统一，在仪式的诸因素中特别强调音乐的作用。音乐是人神沟通的重要媒介，奏埙极可能是这一环节中一项不可或缺的内容。我们通常认为中国文化的和谐意识首先是源于音乐，后来饮食和谐也成为中国文化和谐观念产生的源头。如果说音乐的和谐与自然之气相联系构成中国文化宇宙和谐的基础，那么饮食和谐与人体之气的联系则构成社会和谐的基础。和谐的意识产生以后，在社会生活中其内涵主要强调的是人的身心和谐、家国天下的社会和谐以及人与自然的天人和谐这三方面的内容。①

埙在殷商时期非常兴盛，商代以后，开始衰落。原因与其功能变化密切相关。殷商时期，埙除了乐器，还有祭器和葬器两种角色。殷商以后，埙作为祭器、葬器的功能逐渐消失，作为乐器的埙随着雅乐一步步走向僵化和衰落。②

商代晚期出土的乐器，就编庸、埙和编磬来看，出现了很多以

---

① 肖群忠、霍艳云：《董仲舒"德莫大于和"思想探析》，《伦理学研究》2017年第4期。
② 孔义龙、王泽丰：《葬器？祭器？乐器？——商埙角色之再探讨》，《黄钟》（《武汉音乐学院学报》）2019年第3期。

三件为一组的组合形式。这一方面体现了商代的礼乐制度,另一方面可能是先民们音乐实践的结果。因为作为乐器,它们并不会像出土的礼器那样,严格按照主人不同的地位和身份配备相应的数量,乐器还要考虑演奏的实际需要。

如果说编庸和编磬出土时是三件一组,它可能是为了实际的演奏中音阶的需要,那么出土的埙三件一组是什么原因呢?并且三件埙一般都是大小相配,像妇好墓的埙,虽然调高一样,但是音区却有所差别,原因可能是同类乐器用不同的音色来搭配演奏。也有观点认为,这可能是商代为了合乎某种礼制而实行的一种乐器随葬的规格。①

乐器是音乐活动的物质载体,与商埙一起出土的石磬、编磬、编庸等反映了商代社会音乐生活。商人在祭祀、墓葬、占卜以及宴飨等场合都会用乐,埙等乐器在不同场合的用途和功能有很大的不同,被赋予了特殊的文化内涵和社会意义。

商代先民们非常重视祭祀,并且视祭祀活动同国家的征伐战争一样重要,《左传·成公十三年》云:"国之大事,在祀与戎。"

商代祭祀活动的种类非常繁多,天神、地祇、人鬼都是祭祀的对象。甲骨文中有一些关于祭祀的记载,被称为"祭名"。其中与音乐有关的祭名有龠祭、鼓祭、庸祭、舞祭、穌祭等,这些大都是依据祭祀中所用的乐器来命名的。还有一些虽然不是用乐器来命名,但也与乐器有着千丝万缕的联系。关于埙直接用于祭祀的记载

---

① 方建军:《商周乐器文化结构与社会功能研究》,上海音乐学院出版社,2006。

还未见史料，但从考古遗存可知，埙经常与钟、磬等一起出土，似乎可以说明埙在一些祭祀活动中也是不可或缺的乐器。

《礼记·郊特牲》记载："殷人尚声，臭味未成，涤荡其声，乐三阕，然后出迎牲，声音之号，所以昭告于天地之间也。"这一记载讲述了音乐在商人祭祀活动中的重要作用。

商代，占卜活动也非常频繁，征伐、狩猎、出行、求雨、疾病、生育等大小事情，都以龟甲为媒介，通过占卜的方式来问吉凶来获得答案。在占卜中，乐也是重要的组成部分，乐器在祭祀、占卜活动中常常被作为沟通人神的工具。

商代以后，埙逐渐衰落，至秦汉几不复闻。对此，学界大致有两种观点：一是"性能局限说"，二是"雅乐制约说"。[①]前者认为埙在音乐性能上存在着音域狭窄、音准不好控制等局限，这些因素制约了其发展。后者认为西周以后，埙被吸纳进受众狭窄的雅乐，因而被捆住了手脚，随着雅乐的发展走向僵化。

孔义龙先生认为，两种观点都不能完全解释埙衰落的原因。从性能来说，每一种乐器都有着不同程度的局限，它们都能克服或改进自身的不足从而流传下来，唯独埙出现了断层。从雅乐制约的角度来说，雅乐的衰落虽然影响到其中的乐器，但埙除雅乐之外，还在民间大量使用，为何没有像其他乐器一样，存留于广阔的音乐舞台呢？

---

① 孔义龙、王泽丰：《葬器？祭器？乐器？——商埙角色之再探讨》，《黄钟》（《武汉音乐学院学报》）2019年第3期。

孔义龙先生指出，祭器和葬器两种角色的存在，是埙在商代呈现出兴盛状态的一大因素。自西周开始，埙祭器、葬器角色的消失和向乐器角色的转变，使埙随着雅乐一步步走向僵化和衰落。祭器、葬器角色的消失，是造成埙自商代以后数量下滑的重要原因。①

王小盾先生认为，早期艺术是人神交通的工具和符号，埙就成为人神交通的工具。

埙独特的音色使其在殷商时期被赋予特殊的地位，商代巫文化盛行，埙与巫术紧密相连。巫原是原始社会中拥有较多知识，能歌善舞，能沟通神人的人。商人占卜、祭祀时，巫常要歌唱跳舞来配合。从考古遗存来看，埙是祭祀活动中的重要乐器。埙的音色幽婉、凄凉、连绵不绝，具有一种独特的音乐品质。也许正是埙的这种特殊音色，给祭祀活动赋予了一种神圣、典雅、高贵的精神气质，使其在商巫术中占有特殊地位。

考古出土的商代早期埙主要发现在探沟、灰沟等地，商代晚期埙主要出现在殷墟的王陵大墓中，而且埙的位置常常在墓主人身旁，说明埙可能是墓主人生前的乐器，死后用来做陪葬品。埙本来是流行在民间用土烧制成的乐器，它的发音浑厚低沉，携带方便。随着制作水平的成熟，在发现的贵族墓葬中只要有乐器出现，几乎都会有埙的存在，说明在商代晚期埙的娱乐性功能进一步增强，并得到贵族的青睐。

---

① 孔义龙、王泽丰：《葬器？祭器？乐器？——商埙角色之再探讨》，《黄钟》（《武汉音乐学院学报》）2019年第3期。

商代，由于社会等级森严，平民无权参与礼乐活动，只能自己击缶而歌。在民间，埙可能和缶一样，是人们自娱自乐的常见乐器。

商代出土埙表现出的问题很值得研究。埙在商之前流行地域较为广泛，中原地区的仰韶文化和南方的河姆渡文化遗址，以及陕西、山西、江苏等地先后出土几十枚。这些埙从形制上看，没有统一规范，工艺也较为粗糙，均为手制，烧制温度低。及至商代，埙的发展出现了变化。从早商开始，出土的埙几乎仅限于今河南境内，商文化中心地带之外很少有埙出土。且出土的埙只有一个音孔，仅能发两个音，中商时期的埙也仅有三个音孔，到了晚商突然增加到五个音孔，埙的制作、用料也发生了质的变化。

其实，在新石器时代及商代，乐器的主要功能并不像现在主要用于审美、娱乐的音乐演奏。实际上，推动原始艺术的产生和发展的两个因素，一是生产劳动之因素，一是宗教因素。"原始艺术是宗教礼仪的副产品。"[1]音乐广泛运用于宗教活动中，并在宗教活动中得到提高与发展。

埙在殷商时期有飞速的发展，主要体现在以下几方面：一是音孔的增加，使埙的音列数目增多，音域拓宽，音级间出现半音递进；二是大小埙同出，说明当时已有一定的调高观念或绝对音高观念；三是制作材料丰富，工艺达到新高度。[2]商埙的提高与发展极可能

---

① 李纯一：《先秦音乐史》，人民音乐出版社，1994，第51页。
② 陈荃有：《从出土乐器探索商代音乐文化的交流、演变与发展》，《中国音乐学》1999年第4期。

与埙参与祭祀活动有关。日本学者生驹寿彦认为，早中商埙的"退化"是由于"到了商代产生了作为祭器的埙"。①

商人"尚鬼神"，祭祀活动频繁，歌舞是敬神的重要表演内容。从出土陶埙可知，埙是商代重要的乐器，埙作为祭祀的乐器在歌舞中使用，是祈祷的重器。

《诗经·商颂·玄鸟》载："天命玄鸟，降而生商，宅殷土芒芒。"东汉郑玄注："天使鳦下而生商者，谓鳦遗卵，娀氏之女简狄吞之而生契。"②

根据古文献的记载，商族的始祖契是由简狄吞食玄鸟所遗之卵而产下的，玄鸟也因此被当作商族的图腾与祖先神之一。与玄鸟相比，鸟卵是直接的生命起源，对商族应该有着不可忽视的影响，这从殷墟遗址出土的埙形似卵可以看出端倪。殷墟遗址出土的埙，除陶埙之外，还有白陶、大理石和骨质的埙，且埙的组合和发展演变规律比较清晰。从体积来看，殷墟出土的埙似有三个大小等级。从组合来看，大多是两件成套。从出土位置来看，主要随葬于棺内，贴近墓主身体。③可见，殷商时期，墓葬中的埙，除乐器的角色外，还可能有着"灵魂收纳所"的葬器角色。卵作为商族神话中的生命来源，卵形中空的葬具自然也可能成为人死后的"灵魂归处"，能

① 生驹寿彦：《埙、壎本是同一物吗？——兼释日本弥生陶埙形体之暗示》，《中国音乐》1996年第2期。

② 沐言非：《〈诗经〉详解》，中国华侨出版社，2014，第366页。

③ 常怀颖：《殷墟随葬乐器补议》，《音乐研究》2018年第5期，第49页。

够让灵魂在其中安眠，甚至再生。

王晓俊认为，甲骨文的"樂"（" "）字上部的" "形是葫芦象形，葫芦中空圆润的外形与妊娠期妇女的形体极为相似。由于葫芦的这些特点，我国上古时期才会出现有关人类起源的"葫芦神话"，伏羲、女娲两位人类的始祖也被看作是葫芦的化身。因此，甲骨文里的"樂"（" "）字可能意为以葫芦为母体图腾的早期生殖崇拜或祭祀的实践。[①]在这种观念的指导下，商代中期以后的陶埙均呈现出圆腹平底、上锐下宽的橄榄形或半卵形形制并非偶然。

我们还可以从日本学者属启成著、简明仁译的《图片音乐史》中看到商代刻有兽纹的陶埙。此埙的形制、所刻兽纹和音孔的数量可证明其是商代埙无疑，但究竟是什么年代的商埙，没有说清，属启成只有如下说明："中国古籍里追记，黄帝曾命伶伦制定音律，这件事足以令我们推想，中国古时候音乐相当普及，合奏音乐发达，同时反映了乐器的制造已相当科学化。不过，一直到殷商时期，音乐仍然用以祭祀为主。到了国家的形态已有相当规模的周朝，祭祀的程序演化成'礼''乐'，亦制度化。"

埙在周代祭祀活动中，也占据着重要的地位。这一点，通过郑国祭祀遗址陶埙即可窥知。郑韩故城共出土了多枚陶埙，其中六枚分别是郑国祭祀遗址 1 号坎埙（编号 T595K1:5）、5 号坎埙（T594K5:5）、7 号坎埙（T594K7:6）、8 号坎埙（T615K8:5）、

<hr/>

① 王晓俊：《以葫芦图腾母体：甲骨文"乐"字构形、本义考释之一》，《南京艺术学院学报》2014 年第 3 期。

9 号坎埙（T605K9:5）、16 号坎埙（T615K16:5），这些陶埙都与相应编钟共出于乐器坎中。

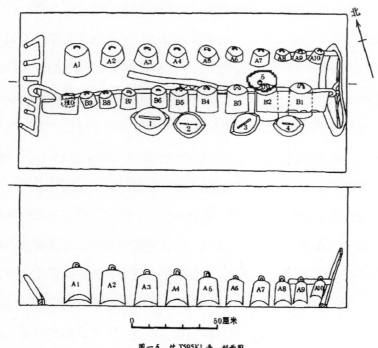

图一五  坎 T595K1 平、剖面图
1～4. 铜编镈  5. 陶埙  A1～A10. 铜编钮钟  B1～B10. 铜编钮钟

坎 T595K1 平、剖面图 [①]

郑国祭祀遗址无疑为研究周代的礼乐制度提供了珍贵的考古实物资料，尤其是出土的礼乐器更是音乐考古与研究的最可信的资料。

郑韩故城曾经出土的陶埙，经中国艺术研究院音乐研究所王子初研究员的测音，各坎陶埙的音列，5 号坎陶埙是四个音孔，为宫、

① 张健：《东周陶埙研究》，硕士学位论文，天津音乐学院，2016。

商、角、徵、羽；8 号坎的陶埙也是四个音孔，为宫、商、角、徵；1 号坎陶埙是三音孔，为宫、商、角、中、徵；9 号坎陶埙也是三音孔，为宫、商、角。只有 5 号坎达到了五正音，其他埙仅有三或四正音。测音时把全闭音作首音，四枚埙均是宫音，开一、二孔全是商音，开一、三孔全是角音，这在四枚埙中无一例外。说明宫、商、角是陶埙必备的主音，而羽、徵和中等音则无定数。陶埙一般视为民间乐器之一种，证明商音在陶埙中亦具有普遍认同的地位。①

从埙与铜编镈、铜编钮钟的组合及摆放位置来看，埙在当时的祭祀活动中起着重要的作用。

2018 年，陕西澄城县刘家洼发现了包括周代诸侯大墓在内的两处墓地，该墓地为芮国后期的又一处都邑遗址，出土了大量珍贵文物。其中，M2 椁室东北角建鼓铜柱套上刻铭"芮公"作器，下压的一件铜戈上亦有"芮行人"铭文。据此判断，此墓主当为春秋早中期的一代芮国国君。竖穴土坑大墓 M3 出土了丰富的随葬器物，有五镈九钮的编钟及其他珍贵物品。

西周春秋时期诸侯级墓葬的乐器组合，基本都是青铜编钟、石编磬一套。刘家洼"中"字形大墓的乐器组合均为编钟、编磬各两套，并配有多件建鼓、铜铙（钲）、陶埙等器，竖坑大墓为五镈九钮，成为目前所知春秋早期墓葬出土乐悬制度中的最高级别，充分展示出芮国贵族对音乐的喜好和对感官享受的追求，也为我国古代

---

① 河南省文物考古研究所：《新郑郑国祭祀遗址》，大象出版社，2006，第925页。

乐器发展史和音乐考古的研究提供了最重要资料。

刘家洼遗址出土的编钟与石磬

《礼记·乐记》记载："礼乐顺天地之诚，达神明之德，隆兴上下之神。"[1] 阐述了乐器在祭祀活动中的重要功能。古人认为，音乐是沟通人神的重要工具，通过音乐可以向神灵表达人们内心的愿望，可以让周围神秘的未知世界中的神灵感动，从而减少未知的灾祸。在祭祀活动中，埙作为重要的乐器发挥着独特的功用。山东出土的战国时期的太室埙，上面刻有"命司乐作太室埙"的字样。司乐是古代掌管祭祀活动的官员，太室指的是太庙的中室，由此可见，此埙是专门用来在太庙中祭祀的埙。这说明这枚埙具有祭祀的功能，而且祭祀的对象是天子的祖庙级别的。

《周礼·春官》记载："笙师掌吹竽、笙、埙、龠、箫、篪、篴、

---

[1] 胡平生译注：《礼记·乐记》，中华书局，1988。

管。"郑玄注："教，教视瞭也。"①《周礼·春官》记载："瞽蒙掌播鼗、柷、敔、埙、箫、管、弦、歌。"②可见，在周天子宗庙祭祀活动中，埙是不可或缺的乐器。

埙有雅埙和颂埙之分，"颂"是专门用于天子宗庙祭祀的诗歌，《毛诗序》："颂者，美盛德之形容，以其成功告于神明者也。"③郑玄曰："颂之言容，天子之德，光被四表，格于上下，无不覆焘，无不持载，此谓之容。"④可见，颂是用以表现天子德政之美并敬告神灵的诗歌。《文献通考·乐八》记载："古有雅埙如雁子，颂埙如鸡子，其声高浊，合乎雅颂，故也。今太常旧无颂埙，至皇祐中圣制颂埙，调习声韵，并合钟律。"由此可见，颂埙之名或与埙参与天子宗庙祭祀、歌颂天子功德密切相关。

"陶埙这一人类早期娱乐的工具，它所起的作用也绝不亚于一件生产工具或生活用具，它促进了人类社会进步，是我们民族音乐文化产生的新动力。不仅如此，原始的礼仪、原始的音乐节奏、原始的音阶均由此产生。"⑤

---

① 孙诒让：《周礼正义》，中华书局，1987，第1894页。
② 同上。
③ 阮元校刻：《十三经注疏》，中华书局，1980，第272页。
④ 同上书，第581页。
⑤ 陈秉义：《古埙艺术》，辽宁画报出版社，2001，第11页。

## 第二节　中和之音：作为乐器的埙

　　埙体现了中国儒家"中和之美"的思想，"中和之美"正是中华礼乐文化的核心本质。在儒家思想之中，世界万物，也就是包括人类在内的自然都是和谐的。礼乐自然也以天地万物的和谐为主，八音与八卦相对应，埙作为八音之一，传递着儒家思想中"和"的精神。《礼记·中庸》记载了孔子对尧、舜、禹等上古圣王之"中"的品格的赞美："舜其大知也与！舜好问而好察迩言，隐恶而扬善，执其两端，用其中于民，其斯以为舜乎！"[1]西汉刘向在其《说苑·辨物》中写道："夫天文地理、人情之效存于心，则圣智之府。是故古者圣王既临天下，必……考天文，揆时变……故尧曰：'咨！尔舜！天之历数在尔躬，允执其中……'"[2]

　　古代琴、瑟、笙、磬、埙这五种乐器按五行有一个匹配，有"南琴北瑟"之说。古代乐器排列中，南面为尊，对应的是琴；北面为卑，对应的是瑟；东面对应笙，相传笙是伏羲所作，代表生发之机，吹笙就是希望国家人口众多、兴旺发达；西面对应磬，磬由金石所制，代表肃杀之气；中间对应埙。孔子非常喜欢埙，守中庸之道。埙为陶土烧制，虽然外表不起眼，但重要性不可取代，因为埙起着合五音的作用。当五音起伏不定的时候，就由埙中土的性质

① 杨伯峻：《孟子译注》，中华书局，2005。
② 向宗鲁：《说苑校证》，中华书局，1987。

来定调。

埙的形制、声音等体现着重要的宗教礼法观念，这从后世文献中可以得到印证。宋代王昭禹《周礼详解》解"小师掌教鼓、鼗、柷、敔、埙、箫、管、弦、歌"，指出："埙……平底六孔水也，阴阳之和声也。"

《册府元龟》载："然后圣人作为鞉、鼓、椌、楬、埙、篪，此六者，德音之音也。"[①]

"埙，阴阳之和声"体现了中国传统"阴阳"与音乐的观念，这里包括两个层面的含义：

第一，"阴阳"。"阴阳"是我国道家的哲学思想，太极生两仪，两仪分阴阳。阴阳是可以相互转化、相互孕育的一个整体。音乐也是以一个整体的形式出现，跟阴阳一样是可拆分的。《礼记·乐记》记载："凡音之起，由人心生也。人心之动，物使之然也，感于物而动，故形于声。声相应，故生变，变成方，谓之音。比音而乐之，及干戚羽旄，谓之乐。"由此可见，在中国传统的观念中，"音"是自然之声，"乐"是人心之声，人心之声皆感于自然之声而生，"音"与"乐"如同"阴"与"阳"，虽然可以独立存在，却只有在合二为一时方为本真。

第二，"和声"。"和"是中国古代哲学的一个重要命题，是宇宙存在的原理，是万物生成的法则。它不仅是儒家的重要思想，

---

① 王钦若等编纂，周勋初等校订：《册府元龟》（校订本）卷七百四十三《陪臣部·规讽》，凤凰出版社，2006，第 8580 页。

也是道家的重要思想。《周易》认为，天地万物之间相互感通的世界即是一个"大和"的世界。《道德经》有"万物负阴而抱阳，冲气以为和"，更有"高下相倾，音声相和，前后相随"等描述。《道德经》之"和"，本义上指元始的乐声的和谐，引申义有"混合""融合"，也可指一种伦常关系的和谐和睦，这与儒家"喜怒哀乐之未发谓之中，发而皆中节谓之和"的"中和"思想有相通之处。

音乐上的"和"要"和六律以聪耳"，音乐应该"和"而不能"同"，否则就失去了价值。而音乐之"和"的特性，就是要"清浊、短长、疾徐、哀乐、刚柔相济"。

传统礼乐之"和"的关键就在于其中的乐的功用，"是故乐在宗庙之中，君臣上下同听之，则莫不和敬；在族长乡里之中，长幼同听之，则莫不和顺；在闺门之内，父子兄弟同听之，则莫不和亲……故乐者，天地之命，中和之纪，人情之所不能免也"[1]。可见，乐重在对人心志情绪的调和，陶冶人的性情，进而移风易俗，使得整个国家社会由上到下和谐安乐。

再看埙之"德音之音"。"和"是中国文化和儒家学说的核心价值观，"德"是儒家思想的鲜明特点和基本精神，那么，"和"与"德"是什么关系？儒家认为"德莫大于和"，即"德"生于"和"，同时，"和"也是一种大德。德的最终目标和落脚点是"和"，即追求和谐的价值理想是道德建设的目标。"和"不仅是天道人道的

---

① 杨天宇：《礼记译注》，上海古籍出版社，2004。

根本，是社会治理的理想状态，还是人的自我修养、心身和谐、养生长寿的根本。因而，"和"是一种大德。

埙由于"阴阳和声"，故成为"德音"。董仲舒认为，"和"同时也是一种德或者说是大德，这又使"和"具有某种主体性与实践性，它是价值观与德性论的统一。这既有利于人们尚"和"、践"和"，有利于天下太平，又有利于人们修身养性，利莫大焉；同时，又厘清了"和"先于"德"，"德"生于"和"这种因果关系。

在中国传统的造物文化理论之中，和谐意识是有机的构成元素之一。埙也是这种和谐思想下的产物。埙体虽小，但其造物意境，也是器以载道思想的体现，如埙的音色就体现着"和"的观念。

《乐书》记载："埙之为器，立秋之音也。平底六孔，水之数也。中虚上锐，火之形也。埙以水火相和而后成器，亦以水火相和而后成声。故大者声合黄钟大吕，小者声合太簇夹钟，要皆中声之和而已。"正是埙特殊的音色，使古人在长期的艺术实践中，赋予其神圣、典雅、神秘、高贵的精神气质。埙独特的音色、古朴典雅的风格、悲愁哀怨的曲调，是任何一种乐器所无法取代的。

古人何以将埙的声音与秋天联系起来呢？古人将埙的声音形容为立秋之音，使我们体会到一幅朦胧而令人神往的艺术画面。《乐记》说得好："感于物而动，故形于声。"大概因为在古人看来，埙的声音有时听着凄凉、哀婉，容易使人与瑟瑟秋风万木萧的场景联系起来，秋风落叶，给人平添几分愁绪、悲哀和感伤。秋来了，冬便在眼前，时光流逝，给人岁月如梭的感伤，增添"自古逢秋悲寂寥"的凄凉情怀。于是，伤感的埙声和瑟瑟秋风便联系起来，就是立秋之音。《旧唐书·音乐志》说："埙，曛也，立秋之音，万物将曛黄也。"

关于埙蕴含的文化意义，《诗经》中可以找到许多经典的描述。《诗经》反映了周初至周晚期约五百年间的社会面貌，被誉为周代社会生活的一面镜子。通过这面镜子，我们也可以看到埙在周代音乐生活中的重要地位。

《诗经·小雅·何人斯》云："伯氏吹埙，仲氏吹篪。"又云："天之牖民，如埙如篪。"这首诗描写的是一名被遗弃的女子指斥男子的薄情与狂暴。"伯埙仲篪"指夫妻间本应该像兄弟一样和谐相处。成语"伯埙仲篪"应该来源于此，形容是长兄吹奏那陶埙，小弟吹奏那竹篪，埙篪相和，如兄弟之睦，如君子之交。埙篪合奏，乐音和谐，乃赞美兄弟和睦。

古人经常将埙和篪相提并论，篪是古代一种用竹管制成的像笛子一样的乐器，发声原理和埙一样。埙与篪的组合是古人长期实践得出的一种最佳乐器组合形式，"土曰埙，竹曰篪"。据说埙篪"柔美而不乏高亢，深沉而不乏明亮"，两种乐器一唱一和，互补互益，埙唱而篪和。因此，被后人用以比喻兄弟和睦。

近年来，学界已经对篪的形制和演奏方式有了比较一致的认识，它是双手同向持奏的有底之笛。"篪"形如梆笛。与笛不同的地方是篪的两端都有竹节或塞子封闭。南北朝沈约《咏篪诗》中用"雕梁再三绕，轻尘四五移"，形容篪清亮的声音。以篪的婉转明亮的音色与埙的低沉苍劲、醇厚圆润有如人声的音色配合，既有融合之美，又能展示各自的特长，形成鲜明的反差，效果很好。

伯氏吹埙，仲氏吹篪，原本表达和睦亲善的手足之情。郑玄笺："伯仲，喻兄弟也，我与汝恩如兄弟，其相应和如埙篪，以言俱为王臣，宜相亲爱。"《后汉书·明帝纪》："闰月甲午，南巡狩。幸南阳，祠章陵。日北至，又祠旧宅。北至，夏至也。礼毕，召校官弟子作雅乐，奏《鹿鸣》，帝自御埙篪和之，以娱嘉宾。"[①]《鹿鸣》为《诗经·小雅》篇名。明帝刘庄，光武帝刘秀第四子。刘庄十岁能通晓《春秋》，光武帝对他的才能很惊奇。上述记载讲述的是明帝南巡，宴群臣嘉宾，明帝亲自吹奏埙篪娱乐嘉宾。可见，埙在东汉朝廷宴会中广为使用，皇帝选择埙、篪两件乐器，显然是故意为之，取埙篪和鸣，以示君臣和睦。可见，在古代文人眼里，君臣之间的关系也应该像埙篪一样和谐。

埙篪成为历代文人心目中和谐的象征。古诗有"天之牖民，如埙如篪"，说的是上天诱导平民，应该如埙篪一样相和。埙篪之交也象征着中国古代文人的一种高尚、高贵和纯洁、牢不可破的友谊。

宋代黄庭坚的《送伯氏入都》诗云："岂无他人游，不如我埙篪。"宋代叶适所写《国子祭酒赠宝谟阁待制李公墓志铭》记载："公义顺而理和，埙唱篪应，璋判圭合，得于自然。"[②]叶氏认为，

---

① 范晔撰，李贤等注：《后汉书》卷二《帝纪第二》，中华书局，2000。
② 叶适：《国子祭酒赠宝谟阁待制李公墓志铭》，载《叶适集》，中华书局，2010。

埙的音色古朴醇厚，埙、篪的合奏自然和谐，其气质如同非常贵重的礼器圭和璋一样，进而比喻人的气质高雅、仪表轩昂。

20世纪90年代初，赵昆雨先生成功辨识了云冈石窟第12窟中的一枚埙。此埙通体光滑，未绘有螺纹，这是目前云冈众窟中所发现的唯一一枚埙，由第12窟前室北壁上层东至西第二伎乐所持，与古篪管乐相并列而处其左。①

云冈石窟第12窟前室北壁（取自《中国石窟·云冈石窟》）

云冈石窟第12窟前室北壁上层东侧局部的吹埙、吹篪伎乐

---

① 黄一：《云冈石窟第12窟古篪辨识》，《中国国家博物馆馆刊》2012年第1期。

　　此处埙、篪同出应同这两种乐器的文化内涵联系密切，取义于《诗经》"埙篪相和"。

　　清代赵翼《题北溪谦斋蓉湖三寿图》一诗写道："近追寿恺堂，埙篪耄犹对。"清代吴苑《到家》诗："忆昔少年时，老屋埙篪奏。树下共嬉游，兄先弟随后。"表达了和睦亲善的手足之情。清代文学家曹寅在《黄河看月示子猷》诗中也有关于埙的描述："怡然把瘦骨，奋起怜吹埙。"这首诗是曹寅在曹玺死后，扶父柩携家北归，途中所作。"与子同此杯，持身慎玙璠""莫叹无荣名，要当出篱樊"等诗句流露了对未来的担忧，表达了对弟弟能保持美好节操的希望。这首诗显然是借埙来表达兄弟之间的真情实意。

　　以和为美是春秋时期重要的音乐美学思想，"伯埙仲篪"是儒家"和为贵"的哲学思想在音乐上的重要体现。"伯埙仲篪"表达和睦亲善的手足之情，所以埙于古时特别受到推崇，于今时则具有极高的文化价值。

　　唐代的郑希稷在《埙赋》一文中，对埙做了全面而深入的描述：

　　　至哉！埙之自然，以雅不僭，居中不偏。故质厚之德，圣人贵焉。于是挫烦淫，戒浮薄。征甄人之事，业暴公之作。在钧成性，其由橐籥。随时自得于规矩，任素靡劳于丹腹。乃知瓦合，成亦天纵。既敷有以通无，遂因无以有用。广才连寸，长匪盈把。虚中而厚外，圆上而锐下。器是自周，声无旁假。为形也则小，取类也则大。感和平之气，积满于中。见理化之音，激扬于外。迩而不逼，远而不背。观其正五声，调六律，刚柔必中，清浊靡失。将金石以同功，岂笙竽而取匹？及夫和乐既翕，燕婉相亲。命蒙瞍鸠乐人，应仲氏之篪，自谐琴瑟；杂伊耆之鼓，无相夺伦。嗟乎！濮上更奏，桑间迭起，大希之声，见遗里耳。则知行于时、入于俗，曾不知折杨之曲。物不贵，人不知，岂大雅守道之无为？夫其高则不偶，绝则不和。是以桓子怠朝而文侯恐卧，岂虚然也！为政者建宗，立乐者存旨，化人成俗，何莫由此。知音必有孚以盈之，是以不徒忘味而已。[①]

这篇《埙赋》白话文的意思是：

大美啊！埙的声音纯洁自然有如天籁，音韵高雅而不超越本分，居中而不偏颇。其宽厚之品格，为古代厚德之人所珍视。

埙的制作虽不繁杂琐细，却不能浮浅敷衍，要寻专门的人来做。在旋转的陶轮上成其形，鼓动风箱（以火炼之），随时而自成。任其素面，不涂朱丹。成与不成，任由天意。（埙之为器）有与无相通，因无而有用。宽不过一两寸，长不过手掌之长，虚中厚外，锐上圆下（"圆上而锐下"疑似原文笔误）。乐器本身完整周全，出音也不需要借助他物。体积虽小，类别却大（注：八音之土，埙独占之）。

（吹奏时）运平和之气灌入其中，奏出理化之音，传达于外。

① 《全唐文》卷九百五十八，中华书局，1983，第9946页。

近闻声音不大，远听反而清晰。观其正五声，调六律，刚柔适中，清浊分明，似钟磬之妙，非笙竽所能匹敌。埙乐表达了弟兄和睦、夫妻恩爱、其乐融融的场景。把蒙瞍和乐工集合起来，埙与篪同奏，如琴与瑟一般和谐；再加上伊耆（古代的礼官，掌管国之祭祀）之鼓，真是无与伦比、相得益彰。

唉！桑间濮上之媚俗音乐不绝于耳，而这纯洁的天籁之音却被人们遗忘在乡间巷里。（如此美好的音乐）于此时、现世，竟不如《折杨》小曲之流行。只因为事物的普通人们便不去重视，这哪里符合圣贤之人所崇尚的"无为"之道呢？

常言道：曲高和寡。正因为此，季桓子受齐女乐而荒疏朝政，魏文侯一听雅乐就要打瞌睡，也不是虚言哪！无论是从政还是从事音乐艺术，其目的归根结底都是教化人民、移风易俗。而要真正理解音乐，内心一定要充满真诚才可以，不仅仅是"不知肉味"啊！ ①

从《埙赋》中我们可以看出，埙的成形到演奏已涉及哲学的深层领域，埙的品位由此已近极致。

从乐器的角度看，从商、周两代埙与钟、磬一起出土的实物来看，埙应该是宫廷乐队的重要乐器。

在周代，人们依据制造材料的不同，将乐器分为金、石、土、革、丝、木、匏、竹八种，称为"八音"。八音之中"土音"乐器有埙、缶。缶是一种生活用具，兼作敲击乐器；土制的吹奏乐器，就只有

---

① 刘宽忍：《刘宽忍笛埙曲精选》，人民音乐出版社，2018。

埙。八音包含的乐器为后世雅乐所专用，埙以其独特的音色和艺术表现力与钟、磬等乐器同被作为宫廷乐队的重要乐器。许多学者认为，埙保留了周代"八音"分类法的传承，具有文化与工艺的双向人文意义。

汉代之后，随着钟磬之乐向丝竹音乐的转型，埙的记载鲜见于史书。直到唐代，埙又得到一定程度的恢复演奏。难怪唐代郑希稷在其《埙赋》中感慨而留恋地赞叹埙之神韵。

埙是源于远古时代的乐器，它在中国古代音乐史乃至世界史前文化艺术史中占有极其重要的地位。从某种意义上说，埙，不是一般用来把玩的乐器，埙是一件沉思的乐器、怀古的乐器，承载中国哲学思想的乐器，这就难怪它"质厚之德，圣人贵焉"了。埙的音色刚柔适度，清浊分明，声音独特而不张扬，蕴含中华民族"和"文化的精神旨趣。埙音质古雅高贵，能够在一定程度上体现中国文化精神和哲学思想。

第五章

薪火相传：埙的保护与传承

# 第五章　薪火相传：埙的保护与传承

埙，历经七千年的风雨洗礼，在沧海桑田的大浪淘沙中却从未绝响。作为文化符号，埙几乎贯穿了整个华夏文明，承载着厚重的历史。然而，这种蕴含着中华民族博大精深的文化，在古代"八音"之一的土类乐器中占据重要地位的古老乐器，在现代化的进程中，呈现出喜忧参半的状况：喜的是埙文化开始复苏，并在都市中成为重要的文化象征；忧的是埙文化的发展链条仍然很脆弱。

## 第一节　埙的探索改进

由于社会环境的变化与埙自身表现力的限制，到了清末，古埙几近失传。除了在宫廷雅乐中偶有埙乐外，人们几乎不知有埙这样一种乐器，幸有吴浔源等"护火者"接力将古埙的薪火传递下来。吴浔源和民国初年山东德州的李雨村，都曾一度恢复五音孔陶埙使之传世，并能用五音孔陶埙演奏难度较大的民间曲调和昆曲曲牌。1942年，陈重先生在国乐研究会举办的演奏会上，用泥埙演奏了《楚歌·别姬》，获得成功。1952年，在一次"今虞琴社"的演奏会上，他又用从清宫流出的胶泥埙吹奏了《普庵咒》《关山月》。1979 年，在中国音乐家协会名誉主席吕骥先生的推动下，陈重先生开始着手埙的研制工作。经过多次失败后，陈重先生终于在宜兴陶瓷工人的帮助下，用注胶法制作成了九孔陶埙，能吹出十三个音阶、八个半音。

埙的飞跃性发展是改革开放以后的事情。随着人们生活水平的提高，传统文化再次得到人们的重视，埙作为中国传统文化的重要代表也受到人们的青睐。

## 一、埙的探索改进

在埙的传承与发展过程中，全国各地涌现出许多研究和制作陶埙的专家。这些专家对埙的研制和探索主要集中在拓展音域与增大音量上，有的从埙的形制上进行改革，有的在埙的音量、音色方面进行探索，也有的专家在埙的音域上进行了多方位拓展，使陶埙这一古老的乐器得到了继承和发展。

在埙的复苏过程中，有一个绕不开的人物，他就是已故古筝大师、中国音乐学院的曹正教授。20 世纪初，是他在埙濒临失传、将成为绝响之际，开始了对清代宫廷雅埙的挖掘和整理工作，为埙的复鸣做出了重要贡献。

曹正，1920 年出生于辽宁省新民县，祖籍河北昌黎。1936 年由姑父资助到北平求学。为了维持生活，他在群众慈善团体"道德学社"中帮忙做些抄写工作。

在道德学社学习期间，曹正在北平见到了埙，十分着迷。20 世纪 30 年代末，在查阅了大量文献资料，对埙的历史发展进行了考证研究后，曹正决定亲自动手制作陶埙。这在当时是一个崭新的领域，几乎无人涉足此道，更无经验可以依循。曹正在多次的摸索与尝试中，不断地积累经验。

20 世纪 40 年代初，曹正回到河北昌黎教小学，学校附近有座瓦盆窑，他试制埙的念头就更加强烈了。他常常带着学生用胶泥做埙、笔筒和其他东西，然后拿到窑上烧制，还利用假期到北平继续查找资料。经过不断尝试，曹正终于在 1943 年至 1944 年间成功制作了七孔仿古陶埙。1947 年至 1948 年，曹正在南京国立音乐院教学期间，上海电台曾播放了他创作并吹奏的埙曲《堤边柳》和日本童谣《月亮出来了》。

1964 年秋，曹正调入中国音乐学院从事古筝教学与研究工作。教学之余，他从未间断对埙的研制和改革。20 世纪 60 年代末，曹

正在研制陶埙的曹正先生

正研制成功体积略大的九孔陶埙，不仅外形美观典雅，而且音域宽，音量大，演奏效果好。

1982年，曹正开始进行增加埙孔、拓展音域的试验，在1984年之前他已成功研制出十孔陶埙。除此以外，他还对埙的历史发展和制作工艺进行研究，发表了《埙和埙的制作工艺》《壶埙》等文章。《埙和埙的制作工艺》一文从选土、和泥、制坯、整形、开孔、磨光、烧制及调音等各部分环节详细介绍了埙的制作过程。这篇文章有着很高的学术价值，对其后埙的制作发展产生了一定的影响。曹正在埙的研究、制作方面的贡献引起社会的关注，1983年2月5日的《北京日报》刊登了冯德珍的文章《曹正与古老乐器埙》。

曹正先生所制的狗头埙和十孔埙①

曹正和其他音乐工作者出于对传统音乐文化强烈的历史责任感，经过呕心沥血的研制，不遗余力地推广和宣传陶埙，并在全国

---

① 刘东升编著：《中国乐器图鉴》，山东教育出版社，1995，第112页。

各地教授了许多学生，才使埙得以复鸣。在 20 世纪，曹正对于埙
的研究与推广活动，对我国埙文化的传承、推广与发展有着深远的
影响和积极的意义。

## 二、埙的发明创新

除曹正外，20 世纪 40 年代以后，埙乐领域涌现出众多的专家。

1979 年，音乐教育家陈重在天津美术学院陶瓷艺术家尹德明的
协助下，对古埙进行了改良，采用江苏宜兴紫砂，制作出了四种不
同调门的九孔陶埙，并使之具有转调功能。在陈重的九孔埙制成后
不久，湖北省歌舞团的赵良山在陈重九孔埙的基础上多开了一个半
音孔，因为用檀木代替了陶土，故为十孔木埙。

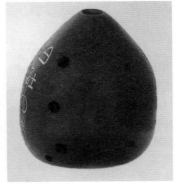

陈重先生改制的九孔埙、十孔埙[①]

赵良山与埙的结缘与陈重——这位赵良山在中央音乐学院就读
时的笛子课老师有着密切的关系。1980 年，陈重将一枚宜兴紫砂
烧制的埙邮寄到了赵良山手中。经过努力探索研制，赵良山研制出

---

① 刘东升编著：《中国乐器图鉴》，山东教育出版社，1995，第 113 页。

音量大、音与音关系准确的木埙，甚至使埙第一次奏出了半音。赵良山还与作曲家龚国富配合创作了埙曲《哀郢》。这首三分十秒的埙曲，把屈原在汨罗江边的痛哭声表现得十分真切。1983年，赵良山在北京天桥剧场演出了一分钟的《哀郢》，埙独特的音色给在场的观众留下深刻的印象。此后，赵良山从未间断对埙的研究，并为埙的复鸣及进一步推广使用做出了重要贡献。

1986年，天津音乐学院著名演奏家陆金山成功研制出十二孔埙和鸳鸯埙，同年获全国发明展银奖，次年获文化部文化科技进步奖，1988年获国家发明专利。

陆金山从声学的角度研究了埙的内膛容积及吹孔、指孔孔径的大小与音高的关系，通过增开指孔和变化指孔孔径等方法，使埙的指孔由九孔增至十一孔。他在曹正先生十孔埙的基础上，进一步调整了指孔位，使十二孔陶埙的指孔位置和以往陶埙的指孔位置相反，呈两个相对的外向的半弧形排列。正面开有九个孔径大小不一的指孔（右边五个、左边四个），后面开有两个较大的指孔，上端开有一个吹孔，使指孔排列更加科学，更便于演奏者呼吸的控制和指法的运用。他的鸳鸯埙是把两个调高不同的埙，上下连接共用一个底。鸳鸯埙吹奏起来，音色丰富，音量有所增加，音质也更为丰满圆润，音域扩展为二十一度。

埙的快速发展始于20世纪90年代，历史性的突破事件主要表现在两个方面：

一是单体埙的音域的拓宽。1990年，四川音乐学院王其书教授研制了双腔葫芦埙。双腔葫芦埙有两个空气腔，外形像个葫芦。双腔葫芦埙在传统基础上改变了埙的内部结构，合理地增加了腔体。

王其书成功地实现了对单体埙音域的大幅度拓展，制出双腔葫芦埙，使埙的音域达到两个八度，如果加上俯吹音，那么其实际可使用的音就达到两个八度以上。他创造性地将两枚卵形埙上下叠加呈葫芦状，中间开出一个小孔打通两个腔体。平吹的时候，气息平缓，埙的上下腔合二为一，其内部气团振动好似一个单腔体埙一样；超吹的时候，急促的气流大部分只在上一个腔体内旋而不下沉，相当于腔体气团缩小了一半，这个时候，下面的腔体只是起到了辅助共鸣的作用，不参与振动发声，所以出现了超吹的八度音。这项技术改革的关键在于蜂腰孔的大小，要经过多次试验才能达到最佳演奏效果。

双腔葫芦埙采用的复合振动共鸣创新技术是其成功的关键，此技术将埙的音域（从胴音算起）扩展到两个八度，并增大了音量。双腔葫芦埙使用十二平均律律制排列，它转调方便，极大地提高了埙的演奏性能和表现力。王其书通过研究复合振动的原理，对埙在各音区发音的声学现象进行分析研究，在对比的基础上，找出双腔葫芦埙扩展音域和增大音量的声学奥秘。

王其书在埙研究制作方面的贡献获得社会各界的认可。1990年，双腔葫芦埙获四川省少数民族文艺基金最佳奖，1992年改良后的第三代双腔葫芦埙获文化部科技进步二等奖，1993年获国家发明奖三等奖。

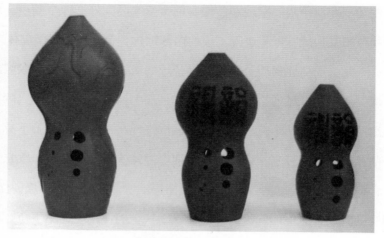

王其书先生的双腔葫芦埙

二是群体埙的多声部系列化及全新的埙乐表演艺术形式——埙乐团的应用。1993 年，张荣华先生开始以创新的树脂工艺研制不同调式的埙，并提出了埙的标准化、规范化制作问题。他创造性地解决了当时困扰埙发展的两大瓶颈——音准问题和高音难以吹响的问题，使埙的演奏变得容易。1999 年，张荣华先生撰文对埙的形制、定调、指法排律等方面进行了深入探讨，通过精确的数据，对埙的制作进行了专业化科学化的规范。他在古制平底卵形八孔埙和九孔埙的基础上，发展了人的生理范围所能达到的最多的调式，规范化地制作出全套四十个调的埙。此外，他还研制出宽音域的十孔埙，解决了宽音域埙的高低音色的统一问题。

2001 年，张荣华成功研制出单体复室玉兰形十孔埙。刘宽忍与张荣华共同研制出的宽音域十孔埙获得国家专利。宽音域埙的改制主要体现在以下几方面：首先，在埙体及位于其前后侧的音孔上做了调整，在顶部有吹奏孔。其次，埙体长度加长，在埙体上部内设置一个环形挡片，其外边缘与埙体的内侧连接。这种实用新型的葫芦形状拉长了埙体，可使音孔排在中线以下，为扩大音域提供了必要条件。当气流经过吹奏孔进入上体，首先打在环形挡片上，然后通过挡片的中孔下落，这样缓冲了气流，气流可以平稳地通过音孔，减少了噪音，使多开出的音孔发声容易而且声音纯净。这样便有效地拓宽了埙的音域。[①]

由于张荣华先生解决了埙的音准问题，攻克了各调式埙全部标准化、规范化的核心技术难关，为埙乐团的组建提供了条件。从 1995 年起，北京市北洼路小学埙乐队、西城少年宫埙乐队、北京少年埙乐团、中国青年埙乐团、伯氏埙乐团，至 2017 年后中央音乐学院龙之吟笛埙乐团和四川音乐学院的后土埙乐团先后创立。埙的标准化实践成果，吸引了更多作曲家、演奏家的关注，推动埙乐空前地发展。

张荣华先生和"荣华埙"

为了拓宽埙的音域，提高音乐表现力，众多演奏家在古代的五孔埙和六孔埙的基础上开发出了八孔埙、九孔埙乃至十孔埙、十二

---

① 姜玲：《刘宽忍笛埙演奏艺术研究》，硕士学位论文，陕西师范大学，2012。

孔埙。另外还发明了一些带有特殊扩音装置的埙，如：活底埙、套埙、鸳鸯埙等。

从此，埙的乐器身份开始得到真正的确立。埙也就此步入了历史的成熟期和新的发展期，各地的制作水平也在不断发展和提高，越来越多的年轻人开始进入埙的制作和演奏领域。

## 第二节　埙乐创作

随着埙乐器性能的提高与表现力的丰富，埙乐创作开始活跃起来。20 世纪 80 年代以来，许多优美的埙独奏曲问世，埙乐得到长足的发展，人们通过这些曲目领略到埙的艺术魅力，这时期的埙乐创作是由埙独奏曲《哀郢》和《楚歌》拉开序幕的。

### 一、初试啼声

《哀郢》的创作与曾侯乙编钟密切相关。1978 年，湖北随县擂鼓墩一号墓出土了一整套由六十五件青铜编钟组成的庞大乐器，其音域跨五个半八度，十二个半音齐备。曾侯乙编钟向世人展示了公元前 5 世纪战国时代的音乐成就。为了让人们领略编钟的艺术魅力，湖北省歌舞团历时三年于 1983 年创编了一台以《编钟乐舞》命名的大型乐舞节目，其中有一段只有两分多钟的埙独奏曲《哀郢》，该曲由龚国富作曲、赵良山演奏。埙曲《哀郢》以古琴曲《离骚》的乐句作为基调，加入了哀婉的民间音乐素材，表现了流放中的屈原远离郢都忧国忧民的情怀。由于在此之前人们很难听到埙乐，埙曲《哀郢》让观众领略了埙独特的艺术魅力。

1984 年，中央民族乐团选送了埙、筝合奏曲《楚歌》赴美国洛杉矶参加演出活动。该曲由陈重、杜次文根据琵琶曲《霸王卸甲》中的部分素材改编而成，描写了两千多年前楚汉战争中项羽被困垓下，闻四面楚歌与虞姬诀别的悲痛情景。乐曲由杜次文用陈重制作的紫砂埙演奏，低沉哀婉的乐曲把霸王别姬的场面表现得极为凄美悲壮。

《楚歌》开创了埙在国外演出的历史，也引起了外国音乐家对埙的关注。《哀郢》和《楚歌》演出的成功展示了埙的独特音色，吸引了影视工作者的注意，他们发现了这种"新"的音色后，就大力地将其用于影视音乐创作和一些特殊音响效果的营造。

著名作曲家谭盾对埙非常偏爱，他认为埙是"上天赐予中国人的天籁之音"。在 1982 年和 1983 年，他为电影《火烧圆明园》和《垂帘听政》作曲时，就大量使用了埙，并取得了较好的效果，这是在电影音乐中较早用埙的例子。用埙给《火烧圆明园》配乐是非常高明的做法：一是埙独特的音色适宜表现特定的情绪，能取得很好的效果；二是埙承载着中华民族厚重的历史文化，暗喻了中华文明遭受的劫难。

2000 年 3 月播出的电视剧《大明宫词》中也大量使用了埙独奏曲《哀郢》和《楚歌》的音乐，用埙独特的音色来衬托公主出嫁的场面，具有其他乐器无法取代的效果。这大概与"四面楚歌"有相似的情景。电影《乡雪》的音乐，自始至终由中央音乐学院的陈涛用埙演奏，在 1990 年柏林电影节上获音乐大奖。著名导演张艺谋也曾要求中国音乐学院张维良教授只用埙为电影《菊豆》配乐，这部片子在 1991 年被提名奥斯卡最佳外语片奖。

1996 年，山东枣庄电视台拍摄了讲述绿化荒山的两集电视剧《山爷》。其配乐既要表现环境恶劣的压抑，又要表现树苗成长的欢快；既要表现家人之间的亲情，又要表现失去孩子的悲痛。最后，全剧音乐用一枚埙完成，给人留下深刻的印象。电影《大红灯笼高高挂》、电视连续剧《康熙王朝》、大型歌舞剧《兵马俑》等中也出现了大量的埙乐作品。

埙在陕西有较为深厚的历史印记，早在 1982 年，陕西省歌舞剧院《仿唐乐舞》进京演出，其中就有埙演奏。陕西省歌舞剧院著名演奏家高明先生创作了《黄陵碑》《丝路吟》《玉门驼影》等数十首埙曲，成为埙乐创作的先行者。

埙作为一件色彩性乐器，其音域较窄，音色凝重低沉，表现力有一定局限。利用埙独特的表现力与其他乐器配合，有时能取得意想不到的效果。1998 年，在维也纳金色大厅举办的中国民族音乐会上，精选的十五首民族乐曲中就有一首古琴、埙、箫三重奏《大胡笳》，此曲由杜次文吹埙、龚一弹琴、曾昭斌吹洞箫，向世界展示了中国古老乐器的独特魅力。2002 年春节在金色大厅，中国红星民族乐团的刘凤山演奏了谐谑曲风格的《醉翁戏鸟》。2004 年春节，南京市民族乐团赴奥地利维也纳，特邀中央广播民族乐团的曹建国先生演奏埙、筝重奏曲《绵》。埙作为一种特色乐器，在短短的几年内三次出现在金色大厅，标志着埙乐作品的成熟。

## 二、埙乐新作

新作品对古老乐器的传承和发展有着重要的意义，在新时期埙的传承与发展中，刘宽忍先生将制器、作曲和演奏集于一身，对埙的传承与发展起了重要的推动作用。

刘宽忍七岁开始学习二胡。1977 年，十三岁的刘宽忍怀揣着艺术的梦想，从陕西蒲城县考入西安音乐学院附中。从此，他的人生就和笛、埙结缘了。

1983 年考入西安音乐学院本科，刘宽忍继续学习笛子，同时兼修古琴、笙、箫、埙等乐器；1987 年大学毕业分配至陕西省广播电视民族乐团，担任独奏；1989 年考入西安音乐学院民乐系攻读硕士研究生，成为中国第一位民族管乐专业的研究生；1991 年，获得民族器乐演奏硕士学位，并留校任教，从事笛子专业的教学工作。

多年的教学科研工作中，刘宽忍对中国传统文化进行了系统深入的学习、研究。教学和工作之余，他尽可能地研读传统经典著作，试图解读"文化中的音乐"和"音乐中的文化"。《乐记》云："凡音之起，由人心生也。人心之动，物使之然也。感于物而动，故形于声。"由此可见，要诠释好传统音乐，就必须揭示音乐背后之"物"，这个"物"就是博大精深的传统文化。

刘宽忍与埙结缘是 20 世纪 80 年代的事。在民族管乐演奏家蒋咏荷先生的推介下，他接触到古老乐器——埙，从此，就对这种乐器爱不释手。针对八孔埙制作材料、指法排律、音域较窄等方面的不足，他进行了科学化、数据化的改良，成功研制出宽音域十孔埙，攻克了长久以来限制埙发展的瓶颈难题。改良后的十孔埙音域宽广，可以自由转调，音量增大，极大地提升了埙乐的表现力，同时获得国家专利。

通过改良的埙既可以独立自由地演奏音乐，也可与乐队、埙乐团合奏。从此，埙的身份得到进一步确立。此外，他还通过与作曲家的联手创作、表演及推广，使埙以崭新的姿态进入专业院校和音乐会舞台，掀开了埙乐历史的新篇章。

20世纪80年代以来，刘宽忍创作、移植、演奏了许多风格各异的埙乐作品，有根据古曲改编的《阳关三叠》《苏武牧羊》，有根据陕西地域音乐元素创作的《风竹》《坐望》《土风》《子夜吴歌》等，有根据西安鼓乐改编的《如莲》《满庭芳》《古渡秋》及移植管子曲目的《江河水》，有根据其他民族、民间音乐素材改编的《白纻》《远行》，有运用现代作曲技法创作而成的埙曲《忆》。

尤其值得一提的是，中国当代作家贾平凹的小说《废都》更是将埙乐推向一个新高度。之后，贾平凹与刘宽忍联合推出埙乐专辑《废都》，为此，刘宽忍创作了《风竹》《坐望》《如莲》《夜行》以及协奏曲《废都》。

从刘宽忍埙乐创作的题材可以看出，他不仅本人具有深厚的历史情怀，还注重挖掘埙的历史内涵。

刘宽忍"在研制乐器和探索演奏技法的同时，不但自编自创，而且号召、联合其他著名作曲家如饶余燕、程大兆、张晓峰、郝维亚、王丹红、郭洪钧等，创作了一批能够体现埙乐特色、展示传统魅力、具有民族气派、具备经典意味的大型曲目，如《古渡秋》《子夜吴歌》《苏武牧羊》《风竹》《远行》《如莲》等，全方位地把埙乐艺术推向了一个独立乐种所应该达到的高度"[1]。

刘宽忍耕耘不辍，先后出版了《刘宽忍、贾平凹埙乐专辑》《闻埙》《秦吟》《知音》《土韵》等专辑，撰写出版了《埙演奏法》《刘宽忍演奏埙曲精选》等图书。

2011 年 12 月 15 日，由文化部主办、中国交响乐团和国家大剧院承办的"土韵——刘宽忍埙乐独奏音乐会"在国家大剧院隆重举行。这是我国音乐史上首次埙乐专场音乐会，刘宽忍以其精湛的演奏技艺得到了首都观众的广泛赞誉，演出获得巨大成功。12 月 16 日，刘宽忍埙乐专场音乐会学术研讨会在文化部召开。

刘宽忍演奏的埙乐，"打破了埙乐演奏的固定模式，颠覆了埙乐的哀怨凄楚的风格，从演奏技巧、表演内容、表现力等多方面都得以丰富和提高，研讨会不仅扩大了埙乐的影响与宣传，还促进埙文化的传承发展，进一步弘扬了优秀的传统音乐文化"[2]。

刘宽忍先生在埙的传播方面做出了突出的贡献，从 1989 年开

---

[1] 丁科民：《古老乐器的复活与新生——刘宽忍埙乐艺术的价值》，《中国文化报》2012 年 1 月 16 日第 6 版。

[2] 贾英、刘昭：《记刘宽忍埙乐专场学术研讨会》，《人民音乐》2012 年第 8 期。

始，他陆续将埙介绍到日本、德国，以及中国香港、台湾等地区，多次举办专题讲座和专场音乐会。

2017 年，刘宽忍先生的作品集《埙乐十八首》出版，这十八首埙曲的出版是对他在埙乐的传承、演奏、创作与研究、推广方面的一个阶段性总结。

## 第三节　埙的传承与保护

埙历史悠久，但在其发展的历史进程中，由于各种原因，埙始终处于边缘地位。主流社会要么将其附属主流文化，要么视其为落后、愚昧的代表。近百年来，人们除了在欣赏宫廷雅乐时还可偶然听到埙乐外，几乎不知道还有埙这一乐器。到了 20 世纪三四十年代，埙乐几绝于耳。20 世纪 50 年代的破除迷信，60 年代至 70 年代的"文化大革命"，一次又一次给埙文化以沉重的打击。这一时期，仍有个别对古埙产生浓厚兴趣的专家学者及演奏家对埙的演奏、制作进行了大量的探索和实践，付出了艰辛的劳动，并取得一些宝贵经验，研究成果在国内外舞台上进行展示，受到了高度赞扬。

20 世纪 80 年代末，埙对于绝大多数音乐界人士而言，仍然是一件非常陌生的乐器。社会上，知道埙的人更是寥寥无几。可喜的是 20 世纪 90 年代初，贾平凹听到刘宽忍演奏的埙曲《遐想》后产生了强烈共鸣，并激发了他对埙的浓厚兴趣。与此同时，贾平凹正在构思他的长篇小说《废都》，便将埙乐自然地构思到小说当中。

1993 年，《废都》出版，引起社会各界褒贬不一的强烈反响，埙才随着小说一夜爆红，真正走入社会，被大众所认知。在短短的几个月时间内，在西安音乐学院任教的刘宽忍便收到了来自全国各地的几万封信件，这些信件无一不在表达了解埙、学习埙的强烈渴望。

随着经济的发展，人们开始重新估量这一古乐器。幸好，在一批有志于埙制作、作曲和演奏的专家的努力下，埙作为乐器进一步标准化和规范化，其表现力也不断拓展。近年来，喜爱和学习埙的人越来越多，习埙的热潮悄然兴起。人们似乎正通过埙寻找遗失已久的古风，"习埙之风"正在成为一种文化现象被越来越多的人所关注。

21 世纪以来，埙的传承与发展出现了较为可喜的势头。从目前的情况来看，北京、四川、山东、河北、陕西、湖南、河南、江苏、广东、吉林、甘肃、福建、海南等地都已经显现出埙制作、教学、传承的良好态势：有些地方借助高校的力量推进埙文化的传承，如北京的张荣华先生与中央音乐学院戴亚教授合作推进埙乐团表演艺术的实践，河南焦作王小建的黄河泥埙在河南理工大学、郑州师范学院等院校的教学传承，山东德州的"李氏陶埙"在德州学院的制作、教学、传承；还有一些地方埙的民间推广以及群众文化活动做得风生水起，如河南洛阳的谢雪华创办弘艺国乐艺术中心，重庆的赵焕鼎与社区教育学院、文化馆、老年大学联合推进埙演奏教学的群众文化活动，陕西西安成立了西安市埙乐学会以及多个埙的社团组织，等等。他们都在各自领域做出了贡献，为埙的传承与发展提供了新的思路，其中北京、山东德州和重庆最具有代表性。

## 一、北京的埙乐团建设

北京的埙乐团建设与张荣华先生密不可分。2006年，张荣华先生撰文提出埙乐的发展以及埙乐团建设的构想，并从专业演奏的角度提出两个构想：一是个体埙，二是群体埙。个体是指单个埙音乐的创作与演奏，也包括重奏。由于宽音域的十孔埙已有两个八度的音域，这为埙的曲目创作提供了更为自由的空间。当埙的专业制作有了标准而逐步规范化之后，埙乐创作、埙乐团组建便成为接踵而来的规划。

张荣华先生着手组建埙乐团的梦想始于2000年，那时他在北京市少年宫教授笛子演奏。当大多数学员有了一定的笛子演奏基础后，他开始同时教埙演奏。张荣华先生六年培养了二十四名学员，在中国埙文化学会成立的音乐会上，学员们进行《茉莉花》首演，让人们第一次听到音区跨三个八度、有四个声部的埙的和声。

张荣华指挥埙乐团在北京恭王府演出

　　在长期的潜心教学与探索实践中，张荣华先生积累了宝贵的经验，这更加坚定了他组建埙乐团，推动埙合奏、协奏的美好愿望。2008 年，张荣华先生登门拜访中央音乐学院戴亚教授，提出以中央音乐学院民乐系师生为依托组建专业埙乐团的构想。戴亚教授欣然应允，并提议邀请在埙演奏、创作、研究方面有突出贡献的刘宽忍教授加盟。

　　2009 年，中央音乐学院第二届管乐周艺术节，戴亚教授力邀埙演奏家刘宽忍，领衔新组建的中国青年埙乐团合作演出。该埙乐团于 2011 年与刘宽忍教授在国家大剧院再度合作。埙乐团演出的成功，带给人们全新的视听感受，反响热烈，引起了业内人士的极大关注。

　　2013 年，荣华埙馆与中国埙文化学会合作成立了伯氏埙乐团，

中央音乐学院第二届管乐周中国青年埙乐团演奏

2011 年中国青年埙乐团在国家大剧院演出

这是一个开放性团体，其成员既有专业演奏家，也有教授、博士及
大中小学生。显然，学员来源的多元化体现了张荣华先生更广泛地
传播与传承古老埙文化的理想。该埙乐团曾应作曲家王珏之邀在中
国音乐学院表演他创作的作品《回》，还应邀在湖北卫视《我爱我
的祖国》栏目进行演出。

伯氏埙乐团演奏《回》

在随后的演出实践中，戴亚教授、刘宽忍教授与张荣华先生不断沟通，改进埙乐团的编制，尝试委约创作不同风格的作品，最终确定了以笛、埙、打击乐器三大声部为主体的编制。2016 年 12 月，埙乐团正式命名为中央音乐学院龙之吟笛埙乐团，并在中央音乐学院歌剧音乐厅进行首场演出。2017 年，龙之吟笛埙乐团获得文化部"国家艺术基金"项目的支持，先后委约创作作品二十余部，在全国范围内进行巡演，社会反响极为热烈，几乎每一场演出都会在当地掀起一股埙乐的热潮。

中央音乐学院龙之吟笛埙乐团基本编制三十五人，由中央音乐学院民乐系师生组成，分为四个声区十几个声部，四个声区的配合，可以达到四个八度的音域。埙乐团所用乐器的组合原理是基于张荣华先生多年试验的可行数据。建立埙乐团的首要条件，就是合格的乐器。通常专业使用的埙有两种，一种是单腔体，一种是双腔体。

龙之吟笛埙乐团

那么埙乐团应该选择哪一种呢？张荣华先生在实践过程中选择了以单腔体埙为主，原因是为了保持埙纯正的音色和最佳的音区，以达到完美的和声效果。

为埙乐团制作乐器，关键在音准的统一性，这不仅要求每一枚埙的音都准确无误，而且要求整体的准确性。在调音过程中，要相互严格对照，确保频率的一致，每枚埙都要达到最佳音域的控制范围。低音埙的制作尤为重要，低音埙（低音 C 低音 F）在调音时，首先要以校音器为参考，最后还要凭听觉达到与中音埙和高音埙的和谐。制作者的演奏技能，在埙的制作领域是不容忽视的。要想深刻体会到音阶与气阶的对应力度，调准埙的振动频率，为演奏者演奏提供最大方便，制作者的演奏水平就显得非常重要了。总之，埙的制作贵在音准，这是能组成一个高水准的埙乐团的根本要素。

一枚单腔体卵形埙的音域固然有限，但是荣华埙的制作已经达到所有调式准确的精确度。张荣华还研制出由关系调埙组合指法来解决音域问题，即不同调的埙采用不同指法，使四、五度音程首尾叠加而达到同调演奏，这样可以完成四个八度的音乐。埙乐团的组成有多种调性系列，以 D G 系列组合为例：即，$d$—$g$—$d^1$—$g^1$—$d^2$—$g^2$。D 调全按作 5 为八孔埙，G 调全按作 1 为九孔埙，两个高音声部埙均为八孔埙。

从编制来看，埙乐团人数比较理想的状态是三十人以上，如果条件不允许，可以按照比例相应地减少各声部的人数。以荣华埙 C F 调系为例：低音 C 16%，低音 F 16%，中音 $C^1$ 30%，中音 $F^1$

30%，高音区 8%。该比例经实践证明是合理的。以中央音乐学院的笛埙乐团建制为例：低音 C 共六人，低音 F 共六人，中音 C¹ 共十人，中音 F¹ 共十人，高音区共四人。如果埙乐团的人数为五十至六十人，那么音响效果、音乐的表达就会更加丰满。总体而言，目前埙行业还在起步阶段，五十人以上规模的专业演奏现场演出还无法实现。因此，埙乐团的进一步发展需要专业音乐院校继续推动。

## 二、山东德州埙的百年传承

随着非物质文化遗产保护工作的深入推进，埙作为非遗项目，逐渐进入高校甚至是中小学的课堂。在山东德州，李氏陶埙已在其家族传承百年。第三代传承人李钟汾决定走出家族，在高校中挑选青年学子作为第四代传承人，将埙这一古老的乐器及其传统技艺更好地传承下去。

山东德州李氏家族制作的陶埙也是由五音孔埙作为开端，发展至现在常用的十音孔。

李氏陶埙的家族传承至今已有一百余年的历史，创始人为德州市西郊五里庄人李雨村（1885—1951）。德州李氏古埙音色纯正浑厚，外观古朴。第二代、第三代传承人分别为李雨村的儿子李孟才和孙子李钟汾。李钟汾于 2008 年被评为"德州市市级非物质文化遗产项目代表性传承人"，2011 年被评为"山东省文化行业高技能人才"。

李雨村制作的　　　　李雨村制作的　　　　李雨村制作的
五音孔埙正面　　　　五音孔埙背面　　　　五音孔埙底面

　　李氏陶埙与高校合作，推动了古埙的传承与发展。2010年，德州学院邀请李钟汾到德州学院的音乐学院举办陶埙制作工艺讲座，并安排陶埙课题研究小组学习制作陶埙。2011年，德州学院申报的山东省艺术科学"十二五"重点学科"地域音乐文化"项目成功立项，在此基础上，音乐学院成立了鲁北地域音乐文化研究中心。2012年，开设了陶埙演奏与制作课程（试行），特聘李钟汾授课。

德州学院陶埙工作室保存的师生制作的陶埙

第一批选课学生共十人，他们在德州学院"德之韵"民族管弦乐团中担任了埙声部的演奏任务，且成功演奏并录制了《话说运河》节目的主题曲。

2013 年，李钟汾授课的陶埙演奏与制作课程正式纳入音乐学院的人才培养方案。2015 年，由于李钟汾年事已高且行动不便，课程教学任务转交青年教师徐琦博士。2016 年，德州学院举办了德州古埙制作技艺传承仪式，由徐琦敬拜省级非遗项目"德州古埙制作技艺"传承人李钟汾为师。

自 2015 年以来，德州学院陶埙演奏与制作课程负责人徐琦曾多次带领学生举办演奏音乐会及相关知识讲座，如中国音乐史实践课音乐会、德州市第十四届社会科学普及周——德州学院走进天衢中心小学举办陶埙知识讲座、德州学院服务地方暨高雅艺术进校园活动系列知识讲座等。

徐琦举办陶埙专业知识讲座

系列陶埙文化普及、传承项目的举办不仅对非物质文化遗产的传承具有积极意义，也对中国传统乐器所蕴含的音乐文化的发掘和继承具有宝贵的意义。[1]

### 三、重庆埙乐的社会办学

埙在重庆的发展，主要推动力量源自重庆市埙乐文化传承中心。重庆市埙乐文化的传承教学工作，始于 2016 年 10 月，在此之前，重庆地区除少数民乐人士偶尔吹奏古埙外，很少能看到它的身影。起初，十多名埙乐爱好者自发组织，在渝中区大坪街道领导的关心与支持下，成立了重庆市第一个以传承埙乐文化为主的"秋音春韵"社团组织，重庆埙乐文化传承中心就是在此基础上不断完善发展起来的。该组织自 2016 年筹建以来，坚持"传承埙乐文化，增强民族自信"的宗旨，借鉴专业音乐院校教学管理经验，结合本地区实际，积极探索埙乐传承、社会办学的新模式，逐渐形成优势互补、资源共享、良性互动的教学氛围和教学体系。

物质生活水平的提高使人们对精神文化的追求不断增强，埙乐因此具有了一定的群众基础。重庆市有着丰富的社会教育资源，众多的社区、图书馆、文化馆、老年大学、国学院、少年宫、乐器培训机构等，为埙乐培训提供了广泛的办学平台。但过去人们把古埙视为小众乐器，知之甚少，对它的文化价值、社会价值、音乐价值缺乏了解与信心。宣传埙乐自身的文化价值与高雅的艺术魅力，提

---

① 徐琦：《李氏陶埙在德州学院的传承教学研究》，《民族音乐》2019年第 1 期。

高民众对埙乐的认知度，激发民众对中国传统音乐文化的认同感，成为宣传推广之初的首要任务，埙乐传承团队通过走访式沟通、推广宣传、兴趣培养等方式提高民众对埙的认知和兴趣。

传承中心把埙乐艺术课程植入社会教学平台，教学（辅导）点分布在主城区，使学员能就近入学；组建埙乐教师专业团队，从教学模式、课程设计、教案编撰、师资培训、远程教学、考核评估等环节严格教学管理，不断提升教学质量；利用社区资源，成立业余演奏团队。从创作到演奏、从宣传到推广，教演结合，形成群策群力、良性互动的良好格局。发挥互联网信息技术优势，进行远程教学，实现线下线上联动，拓宽了教学渠道，为古埙音乐文化社会教育的可持续发展提供了可借鉴的思路与经验。

参与其中的团队成员，以"传承埙乐文化，增强民族自信"为宗旨，以强烈的责任感与使命感积极争取各种社会教育资源，把埙乐艺术课程引入不同教学平台。

截至 2020 年 10 月，在主城区各文化馆、社区教育学院、老年大学、社区文化中心、新华书店、国学研究院等单位，开设古埙教学课程 12 个，课后辅导点 17 个，先后培训学员 1500 余人。在街道社区成立古埙社团 6 个，共有会员 286 人，各社团每周定期活动一次。组建演出团队 4 个，共有队员 80 人，演出 120 余场次，观众达数万人次。设立古埙乐器产品研制中心，注册"秋音埙"商标，与全国优质古埙生产商建立合作关系，实现教学用埙自给。以上成绩也得到社会的认可与支持，渝中区大坪街道"秋音春韵"埙乐艺术社团，被重庆市社区教育服务指导中心评为"2019 年重庆市学习型团队"。2019 年 11 月，"大地之音——古埙"被重庆市社区教育服务指导中心评为"2019 年重庆市社区教育特色课程"。

重庆市埙乐文化传承中心发挥团队教学的优势，利用社会教育资源不断推动埙乐教学工作，是重庆市埙乐文化传承的总体思路。教学团队把埙乐文化的传承作为一个课题进行规划与设计，作为一个项目进行运作与管理，从教学（辅导）点的开设、宣传推广与招生、教学内容与形式、师资配备与培训、教学管理与测评等方面入手，扎扎实实做好每个细节。教学辅导点与招生人数根据教学承受能力，在保证教学质量的前提下，有计划地进行增加，实现了发展的稳步、健康与可持续性。

为拓展埙乐传播渠道，提升教学效率，坚持开放式的办学理念，传承中心开展了多项工作。一是走出去学习，多次组织教师和学员骨干去北京、成都、西安、太原等地学习，不断提升个人音乐素养与演奏技能，学习教学方法。二是请进来，邀请埙界的专家来渝开展讲座，并对课堂教学进行指导。三是积极进行古埙与其他门类艺术的对接与沟通，与其他古乐器（古琴、古筝、箫）、书法、绘画、舞蹈、摄影、茶道、太极、吟诵相融合，先后与多家单位达成互助合作协议。诗境、书境与埙乐的意境相互交织、相互影响，丰富和强化了埙乐的表现形式，互相提升了氛围与文化辐射力，开创了传承形式多元的局面，从而增强了内生的驱动力。四是利用互联网平台办学，开设埙乐网上培训班，学员在手机或电脑上通过教学软件进行练习，大大提升了异地远程互动式教学的质量。五是积极参与社会文化活动，各埙乐艺术团认真组织排练节目，到社区、街道、劳务市场、军营、企业等进行慰问演出一百二十余场次，受众达数万人次。

传承中心充分利用线下渠道与互联网资源，对古埙教材、文献、埙曲、视频等进行收集整理，建立古埙文化数据库。不仅对与埙有关的文献进行收集整理，还创建与埙相关的网上链接、教学视频供学员使用学习。

重庆埙乐的社会办学，担负起埙乐文化传承的责任，筑牢了古埙音乐文化传承的社会基础，拓宽了埙的生存和发展空间，为埙的传承营造了良好的氛围，一定程度上提升了人民群众的音乐欣赏水平及鉴别能力，使演奏和欣赏埙成为人们静守精神家园的娱乐方式，让古韵在中华大地的沃土中升华。①

除北京、山东、重庆之外，埙在全国的传播传承也呈现出非常活跃的状态。

2018 年，陕西省民族管弦乐协会主办了丝绸之路"埙颂中华"中国当代名曲名家音乐会及"埙颂中华"高端论坛等系列埙乐艺术活动。活动邀请了北派管乐大师王铁锤先生、中央民族乐团杜次文教授、星海音乐学院黄金成教授、内蒙古民族艺术剧院李镇先生、宁夏制埙大师李蕴林先生等知名专家，以及国内一流的数十位著名

---

① 赵焕鼎：《重庆市埙乐传承社会办学探索与实践》，未发表，有删节。

青年演奏家与西安千余名埙乐爱好者，全国各地的埙乐专家和爱好者在西安丝路艺术剧院欢聚一堂。这次活动是中国埙乐文化复兴史上具有里程碑意义的盛典，也是对全国埙乐发展水平的集体检阅。这场高雅艺术盛典的举办，让人们看到了中国埙文化复兴的曙光。

除了在民间的发展传承外，埙还进入了高等教育。2011 年，经教育部批准，西安音乐学院的硕士研究生招生中，将埙专业列入招生计划。2016 年，全国艺术类招生中，厦门大学艺术学院开设了埙专业。

传承和复兴埙文化就是延续中华文脉，因为埙是中华文明史留给我们的文化遗产，它不仅是文明探源的根据，也是文化基因追溯的凭据。中国历史上有许多古老的乐器，唯有埙发轫至今风格始终未曾改变。20 世纪以来，正是这种独特的魅力，吸引了曹正、陈重、赵良山、陆金山、王其书、张荣华、高明、刘宽忍等一批专家，他们从科学发声、改良制作、埙乐创作、传承发展等方面对埙进行改良或研究。改制后的埙音量增大、音域扩展，既保留了传统乐器的音色、演奏方法，又解决了音域、转调的问题。埙经标准化认证，按十二平均律定调，又使组建埙乐团成为现实，并推动这一古老的乐器从民间走向了专业音乐院校。

时至今日，埙作为中国文化的重要符号，具有文化认同和民族精神自信的双重意义。北京、山东、重庆、陕西等地民间埙乐的蓬勃发展，不仅是基于音乐的角度，还有更深的文化意义，其文化意义远远大于音乐所具有的美质，是民族精神的体现。

埙是中华民族非常有代表性的乐器。埙取自泥土，经水火之炼，循自然大道，敬天法地，慎终追远。从河姆渡到半坡，从周秦汉唐到宋元明清，历经七千年沧桑，以一口悠长不绝的混元之气吹了七千年，如怨如慕，古调悠长，虽几经劫难，但始终不绝于耳。

埙虽小巧，却蕴含着大道，它是中国文人心灵和精神的栖息之地。埙经过七千年沉淀，在岁月打磨下愈发厚重。埙的传承与发展，在时代的进步中生发出新的生命力。